图解Python

轻松快速掌握实力派脚本语言精华

[日]株式会社ANK 著
周昊天 译

U0244617

中国青年出版社 SE SHOEISHA

版权登记号:01-2019-3018

图书在版编目（CIP）数据

图解Python:轻松快速掌握实力派脚本语言精华 / 日本株式会社ANK著; 周昊天译
. 一 北京:中国青年出版社,2019.10
ISBN 978-7-5153-5720-1

I.①图… II.①日… ②周… III.①软件工具-程序设计 IV.①TP311.561

中国版本图书馆CIP数据核字（2019）第154319号

图解Python
——轻松快速掌握实力派脚本语言精华

[日] 株式会社ANK / 著　周昊天 / 译

出版发行：中国青年出版社
地　　址：北京市东四十二条21号
邮政编码：100708
电　　话：（010）50856188 / 50856189
传　　真：（010）50856111
企　　划：北京中青雄狮数码传媒科技有限公司

策划编辑：张　鹏
执行编辑：王婧娟
责任编辑：张　军
封面设计：乌　兰

印　　刷：山东百润本色印刷有限公司
开　　本：787×1092　1/16
印　　张：13.5
版　　次：2019年10月北京第1版
印　　次：2020年7月第4次印刷
书　　号：ISBN 978-7-5153-5720-1
定　　价：69.90元

本书如有印装质量等问题，请与本社联系
电话：（010）50856188 / 50856189
读者来信：reader@cypmedia.com
如有其他问题请访问我们的网站：www.cypmedia.com

前言

本书是关于Python的入门级书籍。Python由荷兰人Guido van Rossum所开发，是于1991年被公开了初始源代码的计算机程序设计语言。代码简单易懂，与其他计算机语言相比，具有可以以更少的代码量实现程序编程的优点。同时，又不需要在执行程序时预编译，故Python十分易用。多少涉猎过其他编程语言的人可能会惊讶于Python简单易懂的特点。而且，虽然Python非常简单，但是Python所能实现的功能并不局限。我们日常使用的网络服务器以及众多软件也有很多都是由Python构成的。如今，它已经成为在广泛领域颇受欢迎的主流编程语言。

无论是“多少有一些其他计算机语言的基础”，或是“从未有过编程经验”的读者，亦或是“虽然努力尝试了Python的学习，但是感到晦涩难懂”的读者，这对他们来说，都是一本值得推荐的书。

本书通过运用大量的插画与图表，辅助了读者对编程的基本原理与Python的特性的理解。我们相信，即使是编程或是Python的初学者，也能通过阅读本书轻松愉快地学习和领会其魅力。

如果你有兴趣了解什么是Python，请务必翻阅本书。若这能为你踏入Python编程领域有所助力，将是我们的荣幸。

著者记

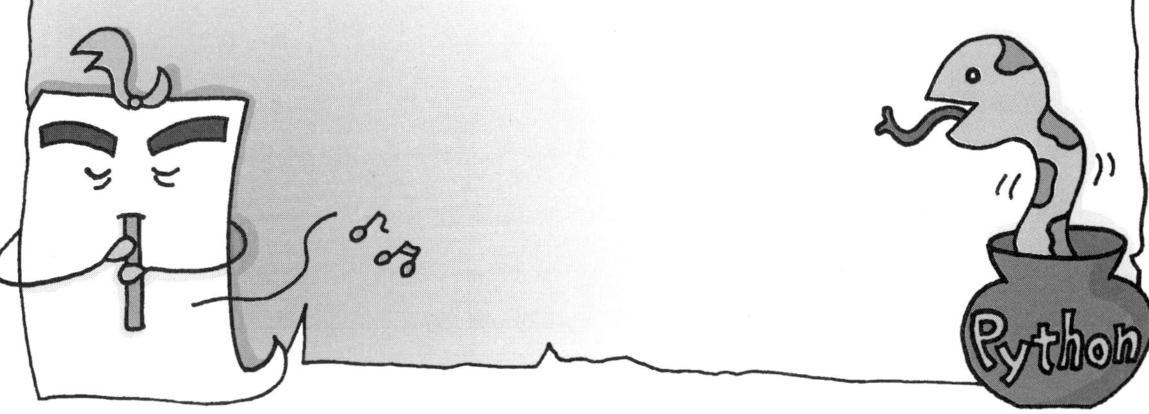
Python

本书的特点

- 本书为了保证思路的完整性，会尽力在一翻开的一面（即两页）范围内完结一个话题。同时，这也方便读者后期翻查前面的内容。
- 在各单元，我们极力避免使用难懂的大段说明文字。即使是难以解释的技术性问题，我们也会尽量采用图解的方式。对于本书而言，比起努力追究细枝末节，整体性把握文本内容会有更良好的阅读体验。

适用对象

本书较为适合初学编程的新手、感觉计算机知识有困难但仍愿意挑战的人，以及虽然已有一些编程经验，但仍然想从基础重温的人。

关于标记

本书大部分的记述格式都如下图所示。

【例题与运行结果】

需要录入的编码内容

例

```
a = 1000
print(a, '是')
if 0 <= a & a <= 9:
    print('一位数。')
elif 10 <= a & a <= 99:
    print('两位数。')
elif 100 <= a & a <= 999:
    print('三位数。')
else:
    print('四位以上的数字。')
```

需实际显示的内容

运行结果
1000 是
四位以上的数字。

【书写方式】

黑体：重要的单词

`List Font`：在 Python 的编程实景中被使用的文段或者短语

`List Font`：`List Font` 中的重点

【其他】

- 本文中虽然标有注音（片假名），该注音只是多种读法中的一例，存在不同的读音。
- 计算机以及各种软件上所显示的内容会因使用的环境的不同而有所不同。

Contents

第5章 函数

第6章 字符串

第7章 文件和例外处理

在开始学习
Python 之前

Python的定义

我们将用于制作或者记述计算机所使用的程序的语言称之为计算机语言，Python便是其中之一。

Python由荷兰人Guido van Rossum所开发，于1991年发布了其第一个公开源代码0.90版本的源代码。

Python被以一种易读易写的方式设计，十分简洁，可以用少量的代码高效率地编写程序。同时，它具备能在Windows、Mac和Linux/Unix上运行的十分出色的兼容性。因此，Python在近期的网页程序、数据解析、客户端程序、嵌入式开发、游戏，以及深度学习等方面被广泛利用，成为了一大主流计算机语言。

Python拥有以下特征：

面向对象	所谓面向对象，是指将程序功能模块化并通过调用这些模块来实现最终的程序功能的思维方式。通过这种方式，各功能单位的独立性得到了保障，从而提高开发效率和模块再利用率，增强可维护性和程序的稳定性。
交互式语言	汇编语言需要将程序完全编译为机械语言后再执行，而交互式语言则不需要预编译过程，可以实现边执行边编译，这一类语言又被称为脚本语言。
容易记述	语法极为简洁，易于阅读且易于高效地进行编程。同时，也具有容易学习的优点。
开源程序	源代码被公开在网络上，可以得到日益的改良和扩充。任何人都可以无偿使用。将常用的功能收藏于一体的库也十分充实。

如今，Python存在2.0（ver 2.X）和3.0（ver 3.X）两大版本，从代码的书写格式到其他的方方面面都有一些区别。同时，Python 2.0的版本支持将在2020年结束。考虑到上述这些原因，本书将只对Python 3.0进行描写。

Python的编译环境

计算机程序中存在：在**CUI**（字符用户界面）环境中运行的程序和在**GUI**（图形用户界面）环境中运行的程序。由Python制作的程序运行在CUI界面。

CUI

C:\>

界面是纯字符界面，通过从键盘敲入命令来操作程序。

GUI

在界面中存在窗口、图标和按钮等元素，可以通过鼠标等设备进行操作。

» Windows PowerShell

本书会以Windows 10的CUI环境Windows Powershell（下文中将全部简称为Powershell）为交互环境运行Python程序，并加以解说。如果要启动Powershell的话，需要从【开始】菜单中的W行【Windows PowerShell】文件夹中选择【Windows PowerShell】。

Windows PowerShell

```
Windows PowerShell
版权所有 (C) Microsoft Corporation。保留所有权利。

PS C:\Users\Administrator> cd C:\Users\Administrator\Desktop
PS C:\Users\Administrator\Desktop> python sample.py
['A', 'B', 'C', 'D', 'E']
这个列表中的要素数为
5
['Ace', 'King', 'Queen']
List1中是否存在Ace?结果为
True
List1中是否存在Jack?结果为
False
PS C:\Users\Administrator\Desktop>
```

Python的运行方法

如果需要运行Python脚本，则需要“Python”这个程序。关于Python的具体安装情况，请参照附录（p.196）。

Python的运行方法分为交互式对话和源文件指定两种方式。

≫交互式对话

对Python程序使用其附带的交互式方式的话，可以逐行输入代码，从而实现交互式的编写程序。当想实时监视每行代码输入后的运行结果，想学习编程时，这会是一项十分有用的功能。不过，运行结果不会被保存，请注意这一点。

1 启动PowerShell，输入“完整的python路径和文件名”后，交互式对话的界面就启动了。

输入相应内容，启动交互式对话界面。

```
Windows PowerShell
版权所有 (C) Microsoft Corporation。保留所有权利。

PS C:\Users\Administrator> AppData\Local\Programs\Python\Python36\python.exe
Python 3.6.3 (v3.6.3:2c5fed8, Oct  3 2017, 18:11:49) [MSC v.1900 64 bit (AMD64)] on win32
Type "help", "copyright", "credits" or "license" for more information.
>>> 
```

“>>>”是等待输入的意思，请在右侧输入代码。

2 输入“2 + 4”，按下【Enter】键。

```
>>> 2 + 4_
```

显示“2 + 4”的执行结果为“6”。

```
>>> 2 + 4
6
>>> _
```

虽然半角空格不是必然要求，
但在输入空格时采用半角，可
使程序易看美观。

3 想要结束该交互式对话界面时，输入“quit()”。

```
>>> 2+4
6
>>> quit()
PS C:\Users\Administrator> 
```

≫执行程序

除了使用交互式对话来执行的简短程序之外，程序都是以程序文件的形式保存和执行的。程序文件可以用“文本文档”（Windows自带的笔记本工具）来记述。CUI程序从创建到执行的整体流程如下。

① 向带有“.py”尾缀的文本文件中记述Python程序。保存时，请将文件的文字编码设定为“UTF-8”保存。

```
print('Hello World!')
```

hello.py

将记述了程序代码的文件称之为程序文件（源文件）。

② 启动PowerShell，跳转到源文件所在的文件目录（在这里是C盘中的“Desktop”文件夹）。

```
PS C:\Users\Administrator> cd C:\Users\Administrator\Desktop\
PS C:\Users\Administrator\Desktop> _
```

cd（空格）之后输入源文件保存的位置后，以回车结束。

③ 输入“python hello.py”并以回车结束后，会显示程序执行的结果。

```
PS C:\Users\Administrator> cd C:\Users\Administrator\Desktop
PS C:\Users\Administrator\Desktop> python  hello.py
Hello World!
PS C:\Users\Administrator\Desktop> _
```

在Python（空格）后输入文件名（“hello.py”）。

运行结果会显示在这里。

小贴士

在用Python编写程序时，首先需要打开尾缀是“·py”的文本文档，打开方法为：鼠标右键单击该文档，选择“Edit with IDLE”→“Edit with IDLE 3.6（64-bit）,”并点击，即可打开该文档。在文档中编写程序更加方便快捷。

在UNIX等操作系统中，可以通过在程序文件的第一行插入下文所记述的文字，来免除每次执行程序时需要在其前面输入“python”的麻烦。

① 在尾缀是“.py”的文本文档的第一行加入“#!/usr/bin/python”（“#!”和python程序的执行文件所在地址）的代码段。

```
#!/usr/bin/python

print('Hello World!')
```

hello2

② 赋予所有用户hello 2的执行权限。

```
$ chmod a+x hello2
```

③ 输入“./hello2”并回车，便会显示程序被执行的结果。

在“./”后输入要执行的文件名“hello 2”。

```
$ ./hello2
Hello World!
```

会显示其运行结果。

编写程序时的一些规范

为了制作能够正常运行的程序，请严格遵守下述规范。

原则上要用半角输入文本

注释、‘ ’（单引号）内，以及“ ”（双引号）内可以使用全角字符。（中文输入法下的标点符号等属于全角字符）

文字编码要使用 UTF-8

对于程序文件的代码的文字编码，我们推荐使用“UTF-8”。

不要使用半角片假名

即使在‘ ’或“ ”之中，也建议不要使用半角的片假名。

注意全角空格的使用

在‘ ’或“ ”之外使用全角空格会成为程序错误的一个重要原因。

注意区分大小写

例如在Python中，if和IF是完全两个不同的语法。

注释需要使用“#”

对于不想执行的说明性文段，请在其文本记述前用井字号隔开。这样一来，这一行#以后的内容都会变为注释，而不被算在可执行程序之中。

留意保留字的使用

保留字是事前已经在计算机语言的语法中被定义过的单词，故不能被当做变量名、函数名称等自定义内容来使用。

保留字列表

```
and       as      assert  break   class   continue def
del       elif    else    except  False   finally  for
from      global  if      import  in      is       lambda
nonlocal  None    not     or      pass    True     raise
return    try     while   with    yield
```

1
编程基础

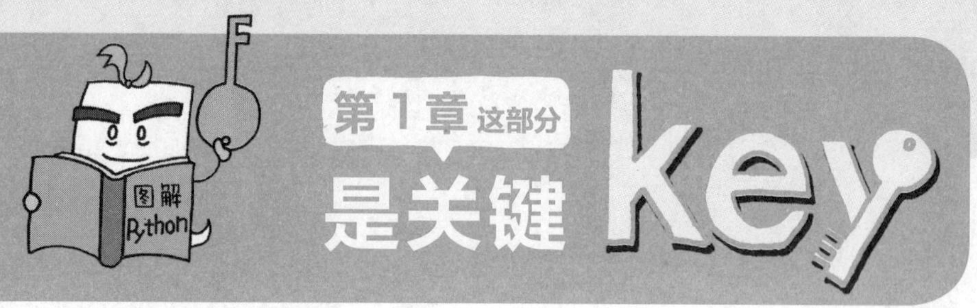
图解
Python
第1章 这部分
是关键
key

先从文字表述开始

从这部分开始，我们将进入实际的编程环节。首先，让我们从经典的输出显示“hello world”开始吧。

在Python中，如果想要在屏幕上输出文字就需要用到**`print()`**这个函数。像这样在结尾附有()，就表示这是一个函数。所谓函数，是指“一连串的批处理的集合”。函数拥有与之一一对应的功能，比如说`print()`的作用就是执行“在输出屏上显示字符串并改行”这一动作。关于函数的具体内容，我们会在本书的第五章进行详细的讲解，请参照相关章节。

存储数据的箱子

当一个计算机程序调用文字或者数据的时候，通常会将其存储在**变量**之中。我们可以把变量认为是用来收纳、存储数据的箱子。比如说在C语言和C++语言的变量箱中，哪个是用来存放数字类型的数据，哪个是用来存储文字类型的数据，都是有严格规定的。但是，在Python中存储变量的箱子的性质是由其内部收纳的值所决定的，所以，无论是数字还是字符串都可以被收纳其中。因此，在Python中并不需要将变量按照“这个是数值类型的”“这个是字符串类型”这样进行严格区分，从而降低了编程的烦琐程度。

实际操作字符串

上文中已经提到了字符串这个概念，接下来让我们看看Python程序是如何调用文字和字符串的吧。除了将字符串连结、重复、将字符串中的单一字符抽调等常规操作之外，Python还具有将输出格式指定后通过值来直接输出结果的功能。关于这一项功能，存在两种方法：一种是从Python问世伊始就有的“利用了**%**的方式”，另外一种是从Python 2.6开始被引入的“`format()` method（方法）的方式”。这两种方法的表述格式有所不同。Method（方法）是指对object（对象；p.163）进行操作的方式。但是，完全可以将其归类为在第五章中我们将详细介绍的函数的其中一种。在这里，我们会采用“`'{ }'.format()`”的形式。这两种形式的字符串调用均能被本书所讲述的Python 3所支持（只不过，学个旧的就不如学点新的东西了）。通过使用这个功能，我们不仅能将字符串中的值嵌入到数据中，还能实现调整值的位数或者显示的位置，每三位有效数字做一个分区等各种各样的输出格式。这是一个十分方便的功能。

本章与其说是正式开始编程的一章，不如说是储备Python编程相关知识的一章。不过，这是正式学习Python的起步，请各位读者认真对待。

那么让我们从下一页开始进入到正式的学习中吧！

书签
65点
8
.
1

Hello World!

让我们先从程序的书写规范、在输出屏显示字符串等基础的训练开始吧！

编写程序

通常，简单的Python程序会是下图所示的书写格式。若执行此程序，会在输出屏显示出字符串："Hello World！"。（输入程序代码后，按下F5键，即可显示运行结果。）

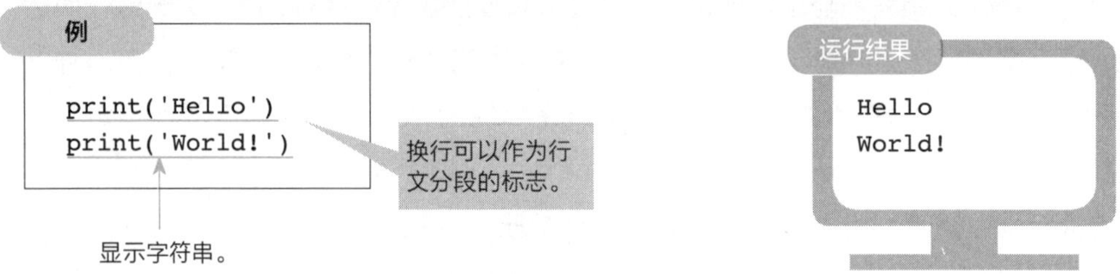

例
print('Hello')
print('World!')
换行可以作为行文分段的标志。
显示字符串。
运行结果
Hello
World!

≫程序的基本结构

Python程序基本上是按照从上到下的顺序被执行的。缩进在Python中有其特殊的意义，所以，通常我们都会以左对齐的形式编写Python程序。

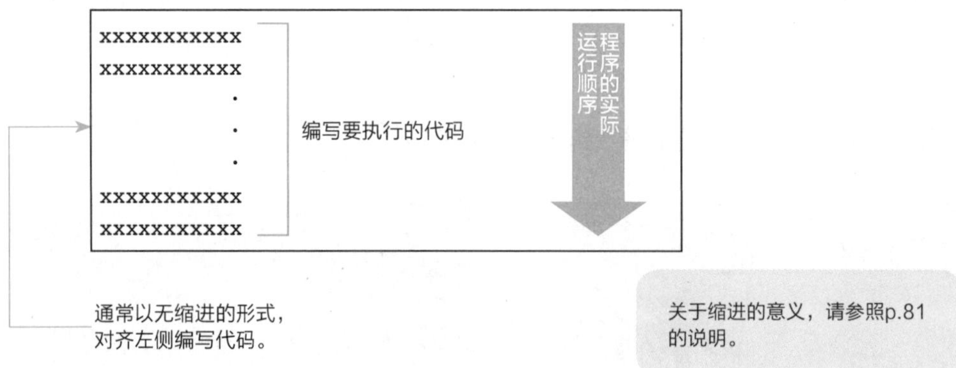

xxxxxxxxxxx
xxxxxxxxxxx
.
.
.
xxxxxxxxxxx
xxxxxxxxxxx
编写要执行的代码
程序的实际运行顺序
通常以无缩进的形式，对齐左侧编写代码。

关于缩进的意义，请参照p.81的说明。

»字符串的显示

如果要用Python程序输出字符串，需要使用**print()**。

'（英文输入法下的单引号）
' '之间的内容为字符串。

print('Hello World!')

print() 函数
() 中的字符串会被显示在输出屏。

在交互式对话（p.11）中，只要把值输入到CUI中，就会直接显示结果。如果是想执行程序文件并在屏幕上输出结果，则需要使用**print()**。

利用了交互式对话的输入和输出

>>> 'Hello World!'
'Hello World!'
>>> 1 + 3
4
>>> _
即使不用print()，也可以输出结果。

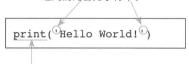

»多个值的定义

在print()中，可以用“,（英文逗号）”隔开，以定义多个值。输出时，作为多个值之间的分割符号，在英文逗号之后输入半角空格，并在行末进行换行。

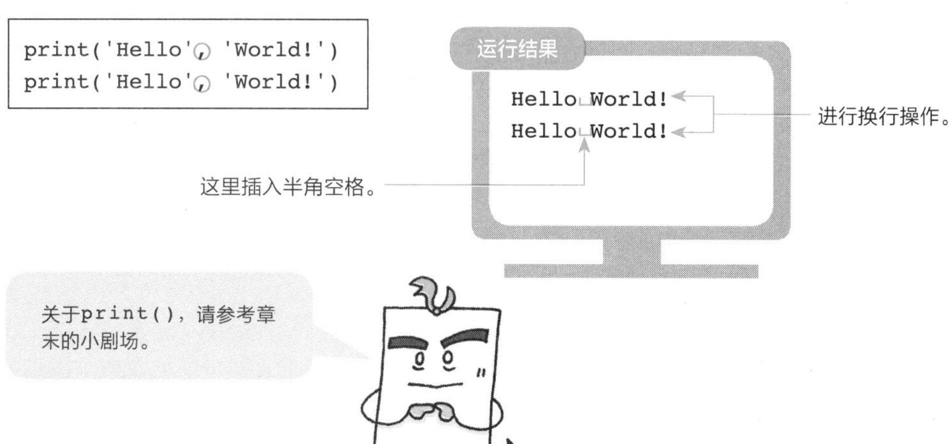
print('Hello', 'World!')
print('Hello', 'World!')
运行结果
Hello World!
Hello World!
进行换行操作。
这里插入半角空格。
关于print()，请参考章末的小剧场。

变量(1)

变量是用于存储数值或者字符的收纳箱。本节我们将学习如何对变量进行赋值。

变量的使用

我们可以使用下文的方式定义变量，并且将值赋值其中。

```
a = 2
```

向变量a中装入数值2。
我们将这种往变量里放入数值的操作称之为**赋值**。

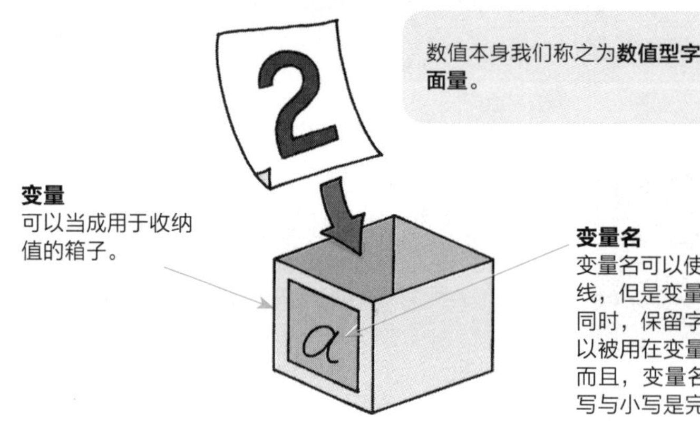

数值本身我们称之为**数值型字面量**。
变量
可以当成用于收纳值的箱子。
变量名
变量名可以使用半角英文和“_”下划线，但是变量名的首字母不能是数字。同时，保留字（请参考 p.14）也不可以被用在变量名上。
而且，变量名会区分大小写，因此大写与小写是完全不同的变量。

我们也可以对已装入了值的变量进行值的代入。

```
a = 2
a = 3
```

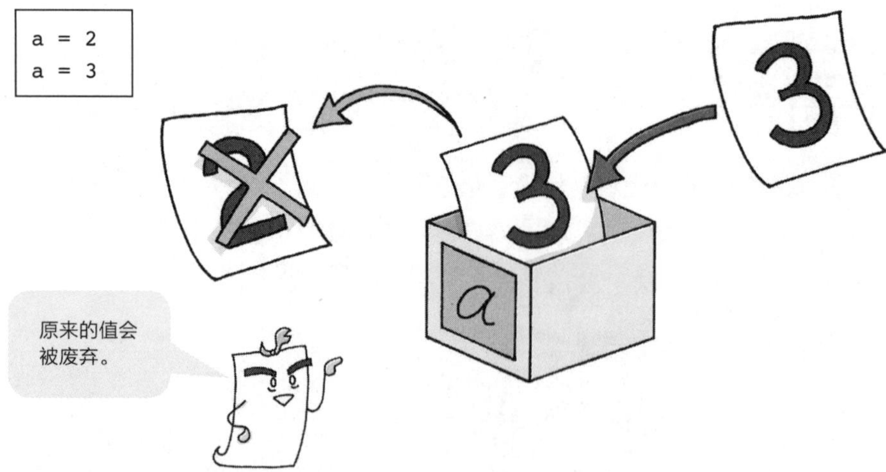

原来的值会被废弃。

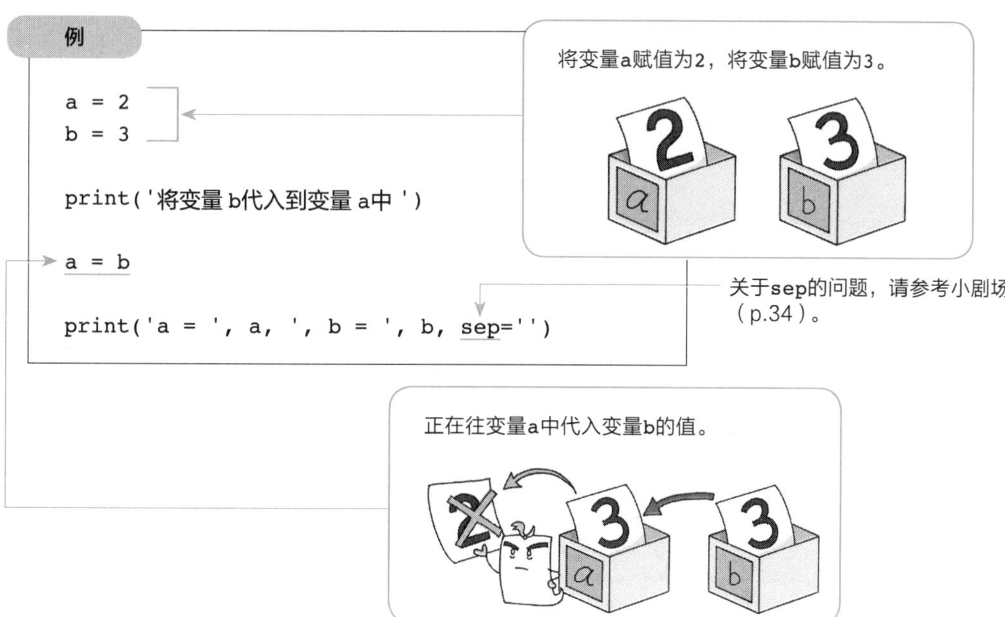
例
a = 2
b = 3
print('将变量b代入到变量a中')
a = b
print('a = ', a, ', b = ', b, sep='')
将变量a赋值为2，将变量b赋值为3。
关于sep的问题，请参考小剧场（p.34）。
正在往变量a中代入变量b的值。

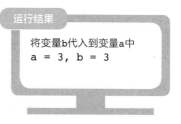

运行结果

```
将变量b代入到变量a中
a = 3, b = 3
```

≫变量的写法

代码可以通过改行来进行分割，也可以使用"；（分号）"将两者分割，并写在同一行内。

```
a = 2
b = 3
```

```
a = 2; b = 3
```

Python中基本都采用一行一段代码的形式，所以，尽量采取换行书写的格式会更好。

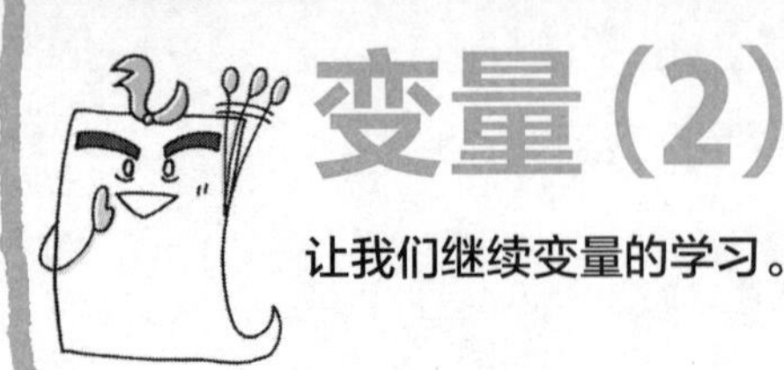

变量(2)

让我们继续变量的学习。

各式各样的赋值

我们不仅可以对变量进行整数和小数的数值赋值，也可以将字符串（文字）赋值其中。

'a'
3.14
a

也可以对已经赋有数值的变量进行字符串的赋值。

≫变量的型

我们将数值或者字符这种数据类型称之为**型**。在Python中，根据变量代入的值的类型的不同，变量的型会被自动定义，我们没有必要在对变量赋值之前手动定义变量的型。

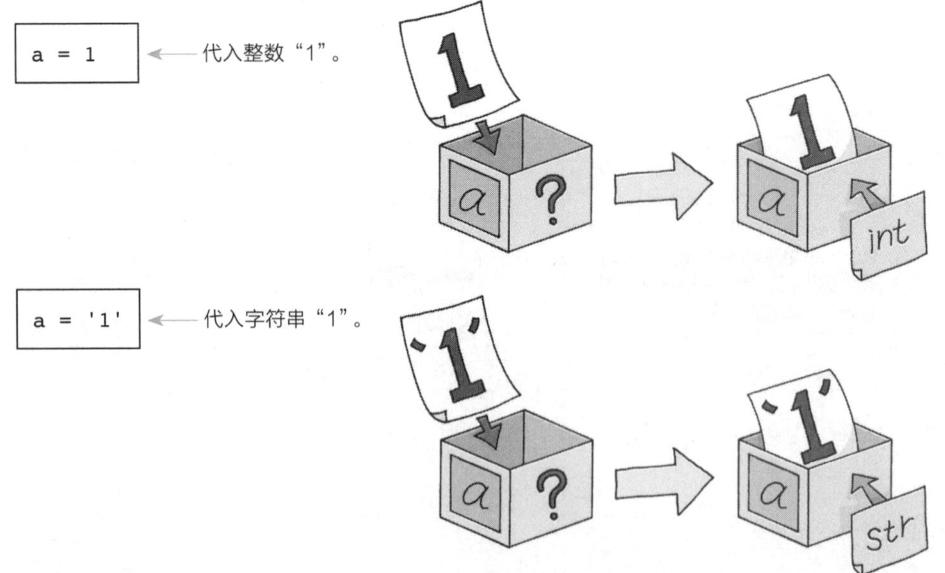

a = 1
代入整数“1”。
1
a
?
int
a = '1'
代入字符串“1”。
'1'
a
?
str

变量的显示

print()不仅仅显示字符串，也可以指定变量，然后显示变量中的值。

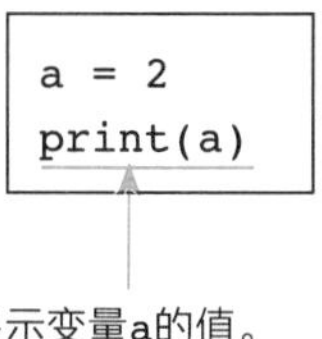
a = 2
print(a)
显示变量a的值。

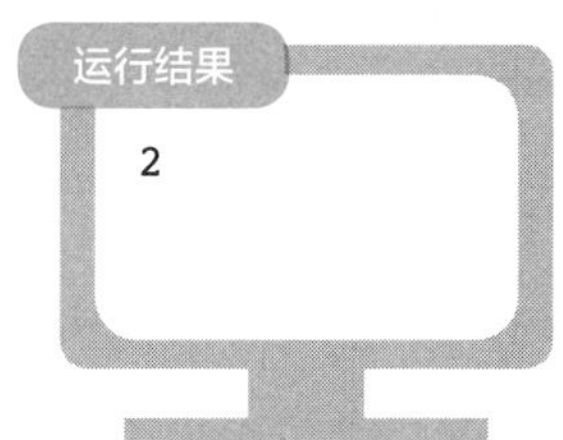
运行结果
2

type()函数

Python中存在着各种各样的型，利用**type()** 可以检查变量的型。

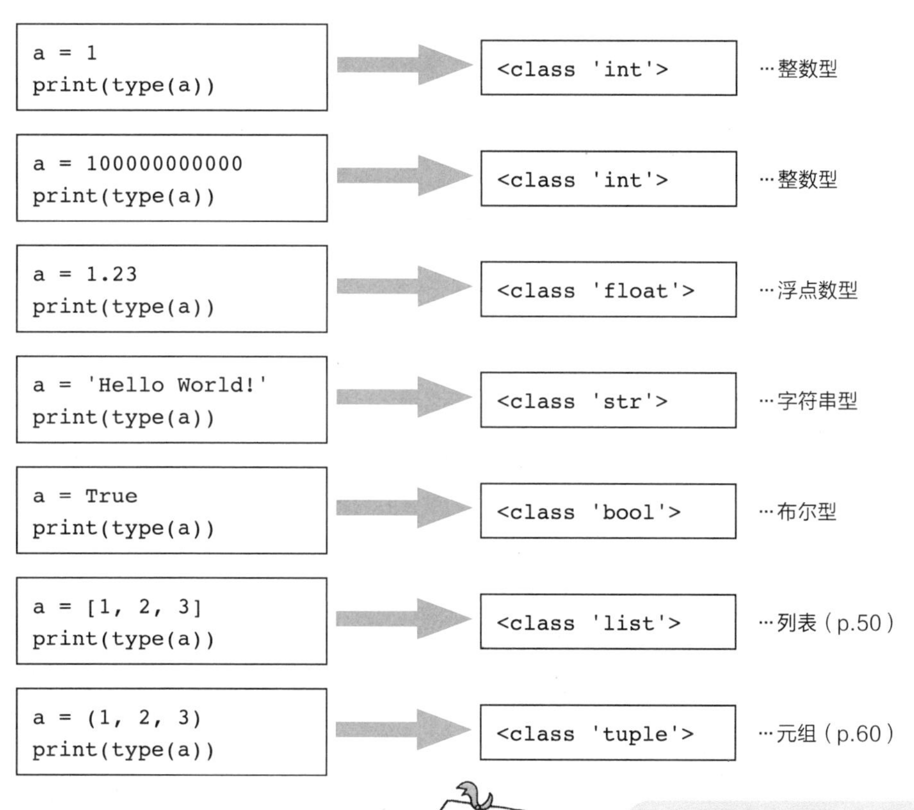
a = 1
print(type(a))
<class 'int'>
…整数型
a = 100000000000
print(type(a))
<class 'int'>
…整数型
a = 1.23
print(type(a))
<class 'float'>
…浮点数型
a = 'Hello World!'
print(type(a))
<class 'str'>
…字符串型
a = True
print(type(a))
<class 'bool'>
…布尔型
a = [1, 2, 3]
print(type(a))
<class 'list'>
…列表（p.50）
a = (1, 2, 3)
print(type(a))
<class 'tuple'>
…元组（p.60）
长整数型(long)在Python 3中已被整合到整数型(int)之中。

字符串（1）

字符串是文字、文字符号的集合。本节将介绍利用Python操作字符和字符串的方法。

字符串

在编程中我们将单个文字称之为字符，将多个文字的组合称之为**字符串**。字符串需要被''（单引号）或者""双引号给括在其中。

```
a = 'Hello'
b = "Ciao"
```

'Hello'
a

"Ciao"
b
将字符串本身称之为字符串字面量。

》「"」和「'」

如果想在字符串中使用英文（半角）双引号" "，则需要用英文单引号' '来括住整个字符串。同理，想用英文单引号''，则需要用英文的双引号""括住字符串。中文的单双引号均为全角字符，不可以用来括住字符串，但可以在字符串中自由地使用，而不被Python的语法干扰。

```
a = '欢迎来到"Python的世界"'
b = "我的名字是'书签'"
```

'欢迎来到
"Python的世界"'
a

"我的名字是'书签'!"
b

转义序列

在" "中使用"和在' '中使用'是不被允许的。如果遇到这类需求，可以在字符串前使用转义文字“\”。我们将需要加上\来表述的特殊字符称之为**转义序列**，转义序列中有以下几种常用字符。

转义序列	作用
\n	换行
\t	移动到下一水平制表位，相当于 tab
\r	光标返回至当前行的开始处，用于套印

转义序列	作用
\"	表示："
\'	表示：'
\\	表示：\

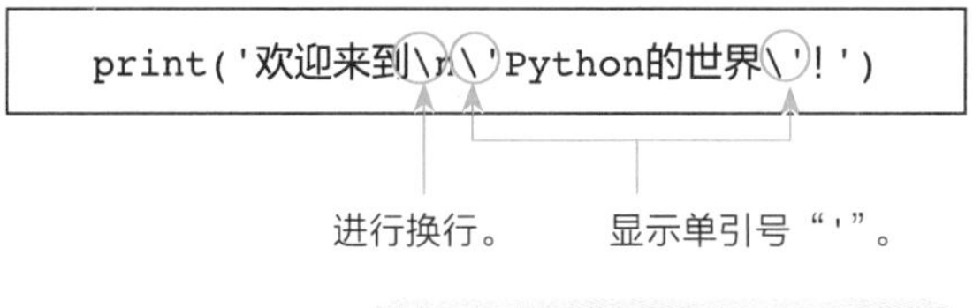

print('欢迎来到\n\'Python的世界\'!')
进行换行。
显示单引号“'”。

运行结果
欢迎来到
'Python的世界'!

在Unix等系统中，\被用作转义字符。

》拥有多个行段的字符串

如上文所述，使用“\n”可以将字符串改行。同时，也可以连续用三个 ' 或者 " 来括住拥有多个行段的字符串，以实现字符串内的换行。

a = '''Hello
Ciao
Hola'''
print(a)
罗列三个“'”或者“"”。

运行结果
Hello
Ciao
Hola

字符串（2）

我们将继续介绍字符串的使用方法。

字符串的连结

字符串可以使用“+”运算符进行连结。

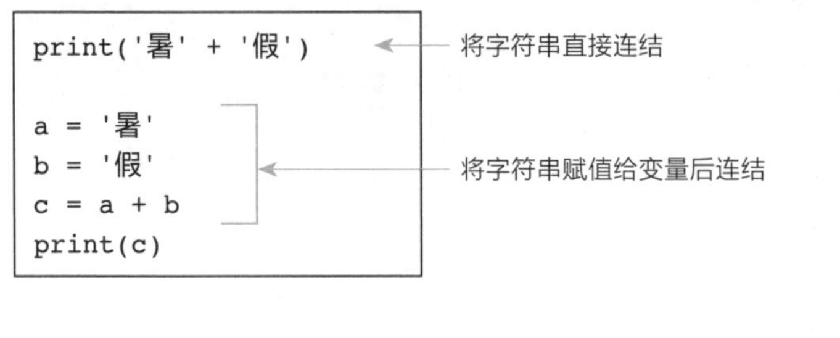

print('暑' + '假')
将字符串直接连结
a = '暑'
b = '假'
c = a + b
print(c)
将字符串赋值给变量后连结

在使用了+运算符的字符串连结中，字符串之间是不会有空格产生的。

运行结果

暑假
暑假

暑
a
假
b
暑假
c

如果是字符串字面量（p.24）的话，即使不使用“+”，仅仅是将字符串简单罗列就可以实现自动连结。但是，若将字符赋值给了变量之后，罗列变量的话是无法实现此功能的。

```
print('夏' '假')
```

```
a = '夏'
b = '假'
print(a b)
```

我们也会在第六章详尽地解释字符串的操作方式。

重复字符串

使用*运算符的话，可以将字符串重复输出指定次数。

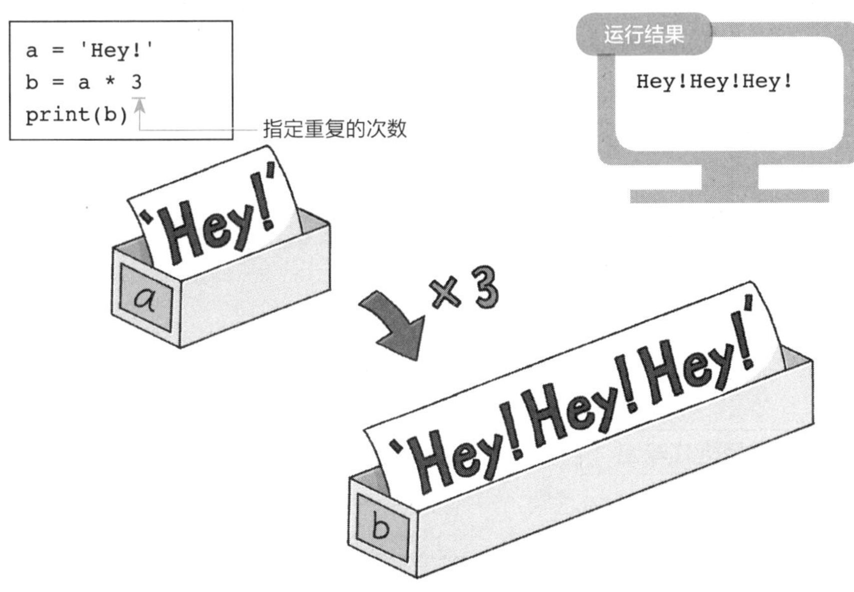

指定重复的次数
运行结果
'Hey!'
a
×3
'Hey!Hey!Hey!'
b


```
a = 'Hey!'
b = a * 3
print(b)
```

运行结果

```
Hey!Hey!Hey!
```

字符串中的字符参照

使用[ ]可以从字符串中调用任一字符。在[ ]之中，填入从零开始的指数进行指定。如果从字符串的末端（右端）开始的话，是从-1开始。

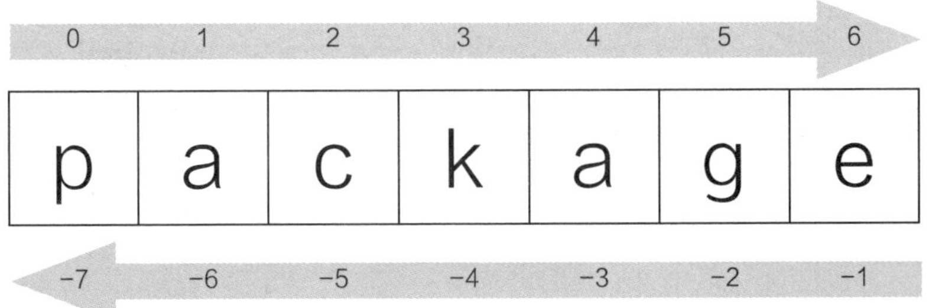

0 1 2 3 4 5 6
p a c k a g e
-7 -6 -5 -4 -3 -2 -1

返回指数为2（字符串中第三个字符）的值。
返回指数为-2（字符串的倒数第二个字符）的值。


```
a = 'package'
print(a[2])
print(a[-2])
```

运行结果

```
c
g
```

指定格式的输出（1）

关于将字符串用指定格式输出的方法，让我们先从传统的方式开始学起吧。

使用了 % 运算符的方法

想要用指定格式输出字符串的话，可以选择在Python公布初期就存在的使用了%运算符的方法。示例如下图。

print('3') …会将字符串的3直接输出。
字符串

将数值 3 按指定格式输出

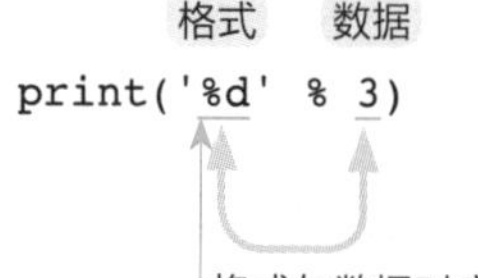

格式
数据
print('%d' % 3)
格式与数据对应

将已赋值了的变量按指定格式输出

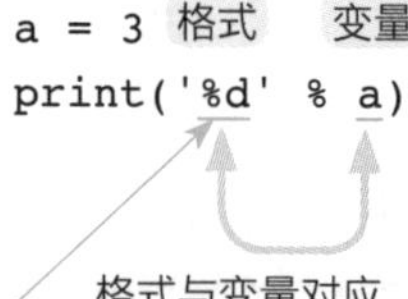

a = 3
格式
变量
print('%d' % a)
格式与变量对应

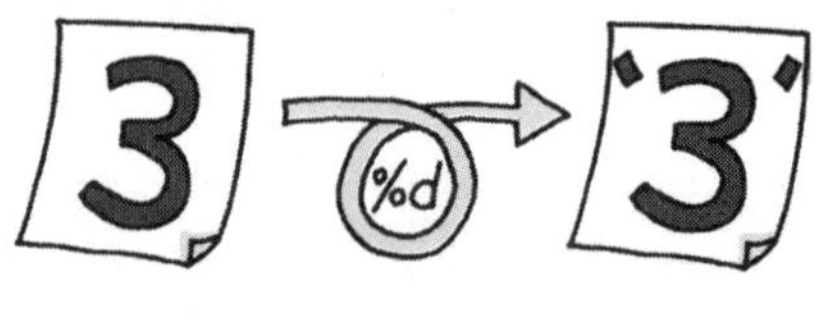

%d是整数的指定格式。
3
%d
'3'

%d本身不会被输出到屏幕。

如果有多个数据需要被输出的话，对应格式会如下所示。

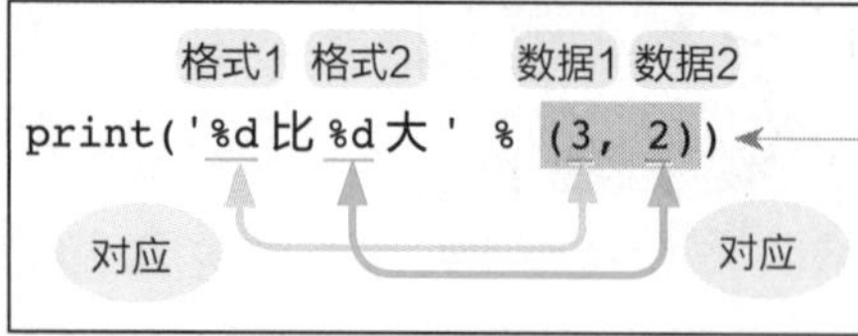

格式1 格式2
数据1 数据2
print('%d比%d大' % (3, 2))
对应
对应
会将数据以元组传递（p.60）。

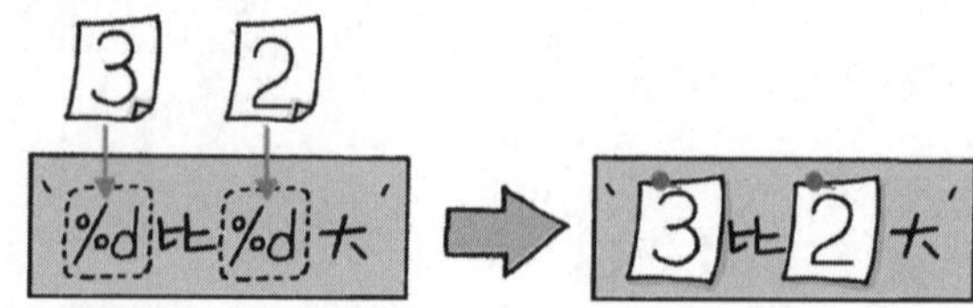

3
2
'%d比%d大'
'3比2大'

例

```
print('%d-%d 等于 %d。' % (3, 2, 3-2))
```

运行结果

```
3-2 等于 1。
```

各种格式

根据输出的数据的种类不同，其所能指定的格式也有所不同。例如，有下表所示这些。

格式	定义	示例
%d	将整数（没有小数位的数字）以 10 进制的形式表示	1、2、3、−45
%x	将整数以 16 进制的形式表示	1、a、1e
%X	将整数以 16 进制的形式表示	1、A、1E
%f	实数（拥有小数位的非虚数）	1.00000、0.100000
%s	字符串	A、abc、喵

》位数

如果需要对位数进行指定，则有以下形式。

包含空格显示四个字符（右对齐）

```
print('%4d' % 25)
```

2 5
4字符

包含空格显示四个字符（左对齐）

```
print('%-4d' % 25)
```

2 5
4字符

显示包含 0 的四个字符

```
print('%04d' % 25)
```

0 0 2 5
4字符

显示小数点后三位的数

```
print('%.3f' % 3.14)
```

3.1 4 0
3字符

指定格式的输出（2）

这里介绍输出指定格式的新方法。

format() 方法

从Python2.6开始，可以通过利用`.format()`和`{}`来将数据嵌入到字符串中输出了。

将参数值插入后输出

```
print('东京是第{}位。'.format(3))
```

值　嵌入

将变量的值嵌入后输出

```
a = 3
print('东京是第{}位。'.format(a))
```

变量　嵌入

运行结果

```
东京是第3位。
```

如果要输出多个数据，则需要采用如下格式。

```
a = '东京'
b = 3
print('{}是{}位。'.format(a, b))
```

变量的内容无论是数值还是字符串都可以。

会按照参数的顺序嵌入。

也可以指定参数的顺序。

```
a = '东京'
b = 3
print('{1}位是{0}。'.format(a, b))
```

用从零开始的指数来指定。

» f字符串

在Python3.6中可以将上述代码用`f'{值}'`的格式书写了。

```
a = '东京'
b = 3
print(f'{a}是第{b}位。')
```

指定格式的方法

在使用**format()**的记述方法中，将{}用**{:格式}**的方式输入，便可以在嵌入值的时候指定其格式。主要有以下几种方法。

格式(型)

指定格式(值的型)。

可以用d、f、x等传统的格式指定(p.29中的表格)相同的关键字。

```
a = 3
print('{:d}'.format(a))
```

→ 3

d代表着整数的格式。

每三位数进行一次区分

我们可以将目标的输出形式指定为：每三位有效数字后添加一个逗号“,”对其进行分割的形式。

```
a = 123456789
print('{:,}'.format(a))
```

→ 123,456,789

位数和显示位置

可以指定输出的位数和显示的位置。

显示包含空白的四位数(右对齐)

```
print('{:>4}'.format(25))
```

␣␣25
四位数

显示包含空白的四位数(左对齐)

```
print('{:<4}'.format(25))
```

25␣␣
四位数

显示包含空白的四位数(居中)

```
print('{:^4}'.format(25))
```

␣25␣
四位数

例

```
a = 10
b = 3.24
print('{:>10}'.format(a))
print('×{:>8.2f}'.format(b))
print('-' * 10)
print('{:>10.5f}'.format(a * b))
```

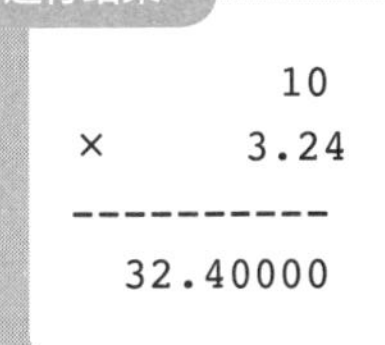

运行结果
        10
×   3.24

  32.40000

1 编程基础 2 运算符 3 列表 4 流程控制语句 5 函数 6 字符串 7 文件和例外处理 8 类和对象 9 附录

从键盘输入

程序运行过程中，可以使用键盘输入数据。

输入字符串

Input()函数是一种可以接受用户自主输入内容的函数。使用input()函数，可以在程序执行过程中，从键盘输入字符串。

到按下[Enter]键为止，程序均将保持在等待接受输入内容的状态。

```
name = input()
```

将键入的值赋值给变量name。

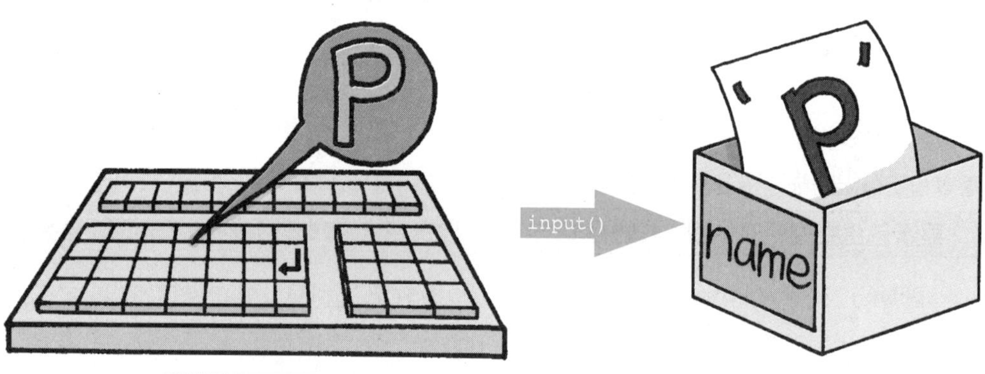

P
input()
'p'
name

按下[P]键，再按下[Enter]键。

例

```
name = input('你的名字是?：')
print('你好!' + name + '同学')
```

运行结果

你的名字是?：**小明**
你好！小明同学

※粗体字是通过键盘输入的字符串

标准输入和标准输出

标准输入方式（**标准输入**），默认设定为键盘。使用input( )函数接收的用户输入正是使用了这种输入方式。标准输出方式（**标准输出**），默认设定为显示器（画面）。除此之外，还有一种叫做标准错误输出的输出方式，用于显示错误信息。

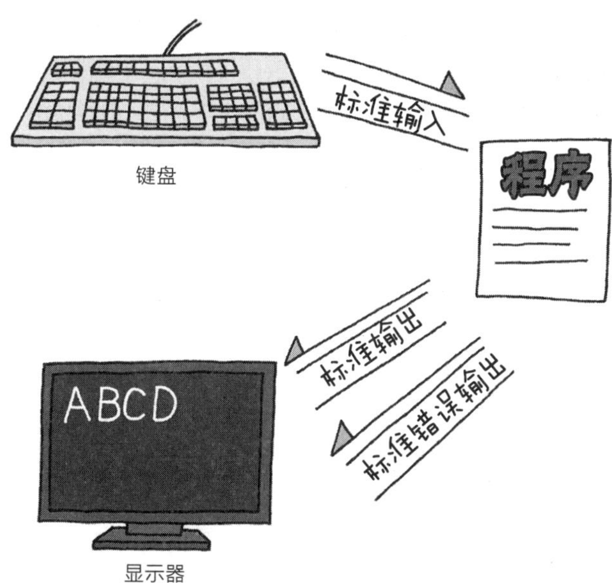

标准输入
键盘
程序
标准输出
标准错误输出
ABCD
显示器

在Python中，要想给标准输出和标准错误输出添加输出内容，需要使用如下代码。

```
import sys

sys.stdout.write('这是标准输出 \n')
sys.stderr.write('这是标准错误输出 \n')
```

首先输入"import sys"。

输出一个\n代表的换行符。

从标准输入中获取输入内容，需要使用如下代码。

关于[importsys]，请参考p.140。

```
import sys

s1 = sys.stdin.readline()
```

从标准输入中获取一行文字。按下[Enter]结束输入。

同时，也存在其他几种输入方式，如下所示。无论哪种输入方式，同时按下[Ctrl]和[Z]，均可以终止输入。

readlines()	从标准输入获取多个行，并返回一个列表
read()	从标准输入获取多个行，并返回一个字符串

COLUMN

~指定分隔符和行末符号~

使用Print( )函数确定多个要输出的值，输出时，作为分隔符，将会在每个值之间自动添加半角空格，同时也会在每行末尾自动换行（p.18）。如果想要更改每个值之间的分隔符，或者更改掉每行末尾的自动换行，可以使用“sep”，“end”进行分别指定。

```
print('甲', '乙', '丙', sep='、', end=' / ')
print('丁')
```

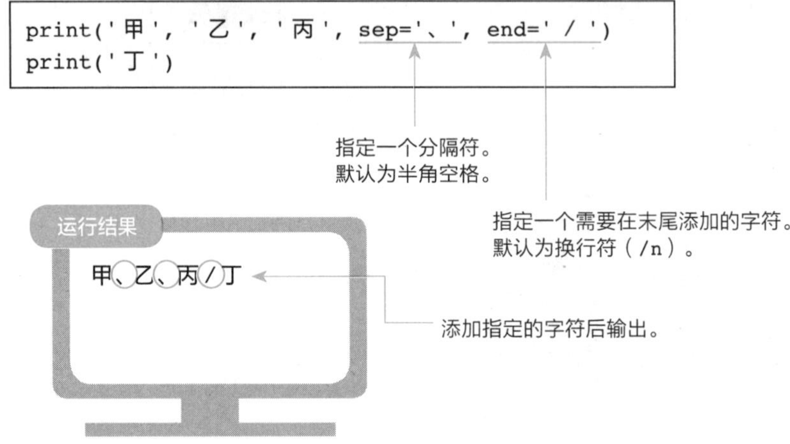
指定一个分隔符。
默认为半角空格。
指定一个需要在末尾添加的字符。
默认为换行符（/n）。
运行结果
甲、乙、丙/丁
添加指定的字符后输出。

在这些选项中可以指定空值，“sep=''”可以去除分隔符，“end=''”可以去除换行符。

```
print('甲', '乙', '丙', sep='', end='')
print('丁', '戊', '己', '庚', sep='', end='')
```

运行结果

甲乙丙丁戊己庚

当然，sep和end可以分别指定不同的值。

2

运算符

第 2 章这部分
是关键
key
图解
Python

电脑代替计算器

第 2 章我们将学习运算符。运算符正如其名，是运算时使用的“＋”和“－”一类的记号。但是，电脑的键盘上没有“÷”号。为了没有除号也能理解内容，代码中使用的运算符与算数和数学中的写法相比有些不同。此外，电脑中的计算也不仅是对数值的计算。

首先让我们介绍一下数值计算中用到的运算符。在这里，出现了和算术课本上似曾相识的符号。例如：想让电脑做加法时使用的“＋（plus）”，做减法时使用的“-（minus）”，都是非常标准的运算符。除此之外，还有乘法、除法，不同之处在于除法后取余数的运算符以及除法后舍去小数点后数位的运算符等，不一而足。

输入不同的数值，尝试不同的计算结果，再回头看看第 1 章的程序和电脑的对话，可能会感到乐趣无穷。

7142+305?
7447!

只有电脑能做的运算

运算符不仅仅能演算数值。以下我们将介绍可以检查变量与值的运算符：**比较运算符、逻辑运算符、三目运算符**。比较运算符，用于比较变量与值是否相等或者是否存在大于小于关系等。逻辑运算符，用于表达更加复杂的条件。三目运算符，通过条件式的执行结果为 `True`（真）或 `False`（假）来决定值或者选择处理方式。

话说回来，小学的算术课上，我们学到了“×”和“÷”要比“+”和“-”先一步运算。与此相同，在电脑世界里，运算符的优先顺序也可以决定运算结果。例如“a = 2 + 3”的式子，首先要计算“2 + 3”，然后将结果“5”赋值给“a”。优先顺序根据运算符的不同也有改变，请大家一定牢记。

运算符是程序的重点。越深入学习难度也会越来越上升，请大家不要倦怠，一步一个脚印地、踏实地逐个理解后进行学习。

条件
a≦b

用于计算的运算符

用于计算的“+”,“-”符号叫做运算符，使用运算符来进行实际运算吧。

用于计算数值的运算符

Python中用于计算数值的运算符如下所示。

运算符	作用	使用方法	含义
+（加号）	+（加）	a = b + c	b 加上 c 的值赋值给 a
-（减号）	-（减）	a = b - c	b 减去 c 的值赋值给 a
*（星号）	×（乘）	a = b * c	b 乘以 c 的值赋值给 a
/（斜线）	÷（除）	a = b / c	b 除以 c 的值赋值给 a （c 为 0 时错误）
//	÷（除，小数点后舍去）	a = b // c	b 除以 c 的整数值赋值给 a （c 为 0 时错误）
%（百分号）	…（取模）	a = b % c	b 除以 c 的余数赋值给 a （仅在整数时有效）
**	**（幂）	a = b ** c	b 的 c 次方赋值给 a

例

```
print('5+5 等于 ', 5 + 5)
print('5-5 等于 ', 5 - 5)
print('5×5 等于 ', 5 * 5)
print('6÷5 等于 ', 6 / 5)
print('6÷5 的整数部分是 ', 6 // 5)
print('5÷3 的余数是 ', 5 % 3)
print('5 的 3 次方是 ', 5 ** 3)
```

运行结果

```
5+5 等于 10
5-5 等于 0
5×5 等于 25
6÷5 等于 1.2
6÷5 的整数部分是 1
5÷3 的余数是 2
5 的 3 次方是 125
```

赋值运算符

给变量赋值的“=”运算符中，将左边视作变量，右边视作值。因此，变量a在自身基础上加2时，如下所示。

a = a + 2

变量　值

赋值　a的值再加2

不是说a等于a+2。

a的值在自身基础上加2时，也可以写成如下形式。

a += 2

“=”和“+=”叫做**赋值运算符**。赋值运算符还有如下几种类型。

运算符	作用	使用方法	含义
+=	加法赋值	a += b	a + b的值赋值为a（与a = a + b 等价）
-=	减法赋值	a -= b	a - b的值赋值为a（与a = a - b 等价）
*=	乘法赋值	a *= b	a * b的值赋值为a（与a = a * b 等价）
/=	除法赋值	a /= b	a / b的值赋值为a（与a = a / b 等价）
//=	取整除赋值	a //= b	a // b的值赋值为a（与a = a // b 等价）
%=	取模赋值	a %= b	a % b的值赋值为a（与a = a % b 等价）
**=	幂赋值	a **= b	a ** b的值赋值为a（与a = a ** b 等价）

例

```
a = 90
a += 10
print('90 加上 10 等于', a, '。')
```

a += 10 也可以写成‘a = a + 10’。

运行结果

```
90 加上 10 等于 100 。
```

1 编程基础　2 运算符　3 列表　4 流程控制语句　5 函数　6 字符串　7 文件和例外处理　8 类和对象　9 附录

比较运算符

生成条件表达式时需要用到比较运算符。

比较运算符是什么

使用Python，可以生成比较数值或变量值的条件表达式，并根据条件表达式的结果改变处理过程，这时用到的运算符称为**比较运算符**。条件表达式成立时返回的结果称为“**真**（**True**）”，不成立时称为“**假**（**False**）”。

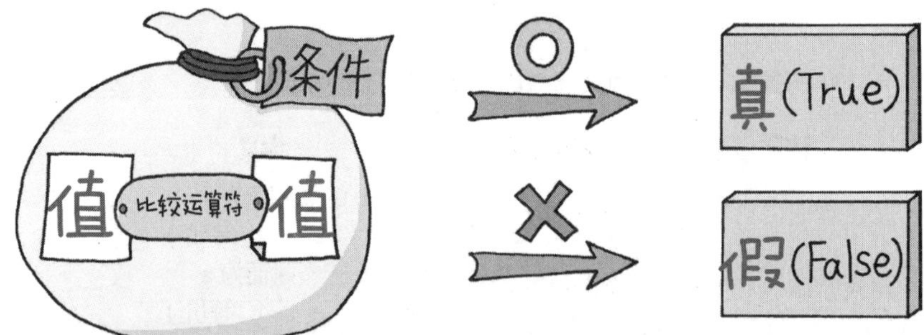
条件
值
比较运算符
值
真(True)
假(False)

运算符	作用	使用方法	含义
==	=（等于）	a == b	a与b相等
<	<（小于）	a < b	a小于b
>	>（大于）	a > b	a大于b
<=	≤（小于等于）	a <= b	a小于等于b
>=	≥（大于等于）	a >= b	a大于等于b
!=	≠（不等于）	a != b	a 不等于b

在使用两个及以上的符号表达一个动作的时候，请不要在这些符号之间使用空格键分隔开。

式子本身的值

条件表达式本身是有值的。举例来说，在条件表达式结果为真时，条件表达式本身也有一个True值。反之，条件表达式本身将有一个False值。

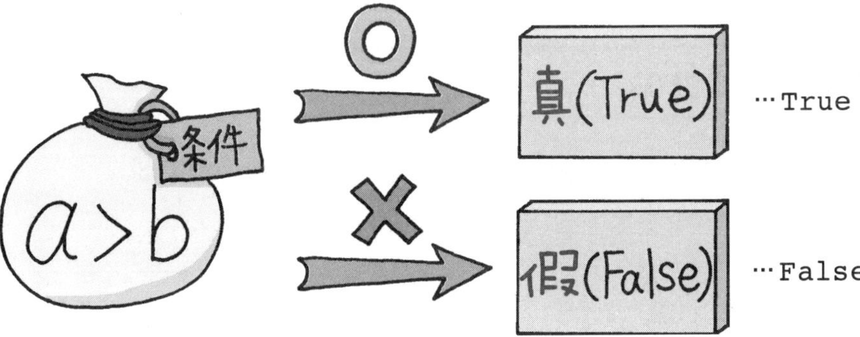

条件
a>b
真(True)
…True
假(False)
…False

例

```
a = 10
b = 20
print('a = ', a, ', b = ', b, sep='')
print('a < b···', a < b)
print('a > b···', a > b)
print('a == b···', a == b)
print('a != b···', a != b)
```

运行结果

```
a = 10, b = 20
a < b··· True
a > b··· False
a == b··· False
a != b··· True
```

逻辑运算符

结合多个运算符，可以生成更加复杂的条件表达式。

逻辑运算符是什么

逻辑运算符：结合多个运算符，生成更加复杂的条件表达式时用到的运算符。

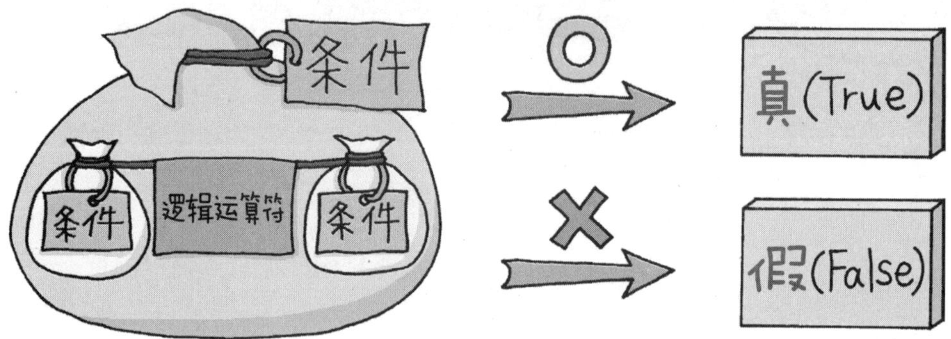
条件
逻辑运算符
条件
条件
真(True)
假(False)

逻辑运算符分为下列几种。

运算符	作用	使用方法	含义
and	与	(a >= 10) and (a < 50)	a 大于等于 10 且小于 50
or	或	(a == 1) or (a == 100)	a 等于 1 或 a 等于 100
not	非	not (a == 100)	a 不等于 100

设有条件A和条件B，用图示方法介绍逻辑运算符的作用，如图所示。

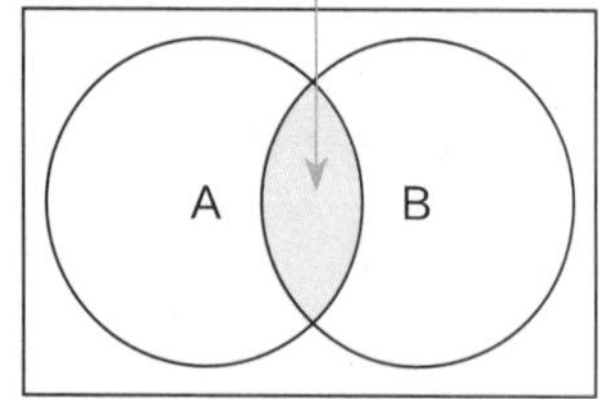
A and B
A
B

同时满足条件A和条件B

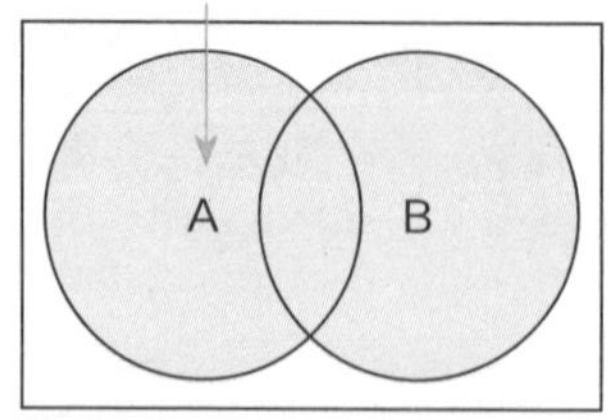
A or B
A
B

满足条件A或条件B中的任何一项

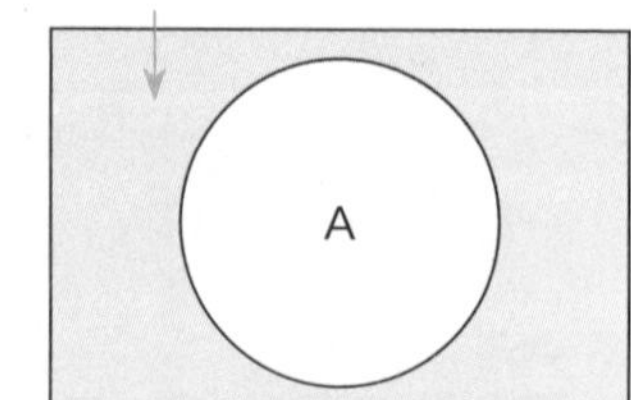
not A
A

不满足条件A

复杂的条件表达式

让我们来看看稍微复杂一些的逻辑运算示例。通常来说，各个运算符会按照默认的优先顺序进行运算，但在需要刻意理清关系时，可以使用圆括号（）。

也可以写成50 <= a < 100。

a 大于等于 50 且小于 100

```
(50 <= a) and (a < 100)
```

b 不等于 0 也不等于 1

```
not ((b == 0) or (b == 1))        →非「b = 0或b = 1」
not (b == 0) and not (b == 1)     →非b = 0，且非b = 1
(b != 0) and (b != 1)             →b ≠ 0，且b ≠ 1
```

有条件的运算

如果使用逻辑运算符来连接条件表达式和处理过程，则可以根据条件表达式的结果来进行处理。

条件表达式  处理过程

and

条件表达式为True时进行处理，为False时则不进行处理。

条件表达式  处理过程

or

条件表达式为True时不进行处理，为False时则进行处理。

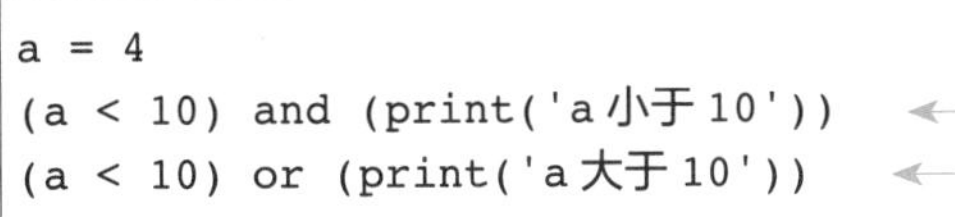

```
a = 4
(a < 10) and (print('a小于10'))
(a < 10) or (print('a大于10'))
```

由于条件表达式为True，所以进行处理。

由于条件表达式为True，所以不进行处理。

三目运算符

使用**三目运算符**，根据条件表达式来选择值或处理过程的语句将变得清晰简洁。

```
point = 90
a = '及格' if point > 75 else '不及格'
```

'及格'：当条件表达式为True时

point > 75：**条件表达式**

'不及格'：当条件表达式为False时

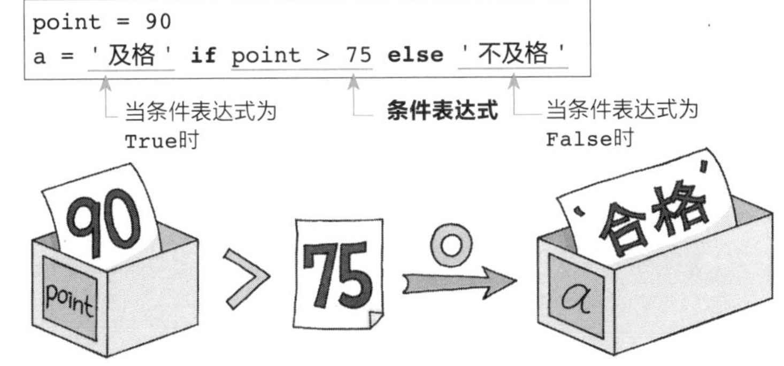

90
point
75
'合格'
a

1 编程基础

2 运算符
3 列表
4 流程控制语句
5 函数
6 字符串
7 文件和例外处理
8 类和对象
9 附录

运算的优先顺序

列出全部的基本运算符，介绍运算符的优先顺序。

运算符的优先顺序

通常来说，从左到右逐一进行运算，但类似于“×要比+先一步计算”、“（）中的内容要优先计算”等，运算也有其优先顺序。在同一表达式中含有多个运算符的情况下，Python将基于下表的优先顺序进行计算。此外，当优先顺序同级的运算符并列时，从表达式的左端开始还是右端开始也都有各自的规定。

优先顺序	运算符	同级别并列时的计算顺序
1	(表达式 ...),[表达式 ...], {键:值 ...}, {表达式 ...}	
2	x[索引],x[索引:索引],x(参数 ...),x.属性	→
3	await x	
4	**	←
5	+x, -x, ~x	
6	*, @, /, //, %	→
7	+, -	→
8	<<, >>	→
9	&	→
10	^	→
11			→
12	in, not in, is, is not, <, <=, >, >=, !=, ==	
13	not x	
14	and	→
15	or	→
16	if - else	←
17	lambda	

»表达式的阅读方法

让我们一起来看看各种运算符的优先顺序吧。

优先顺序不同级时

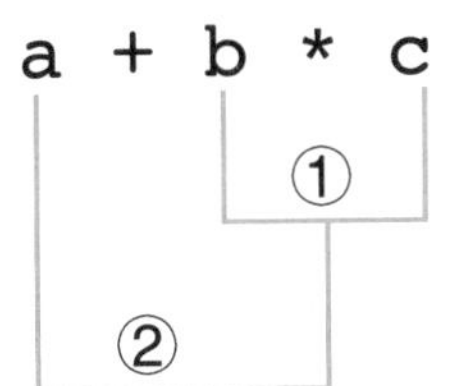

a + b * c
①
②

与+、-相比，*和/优先运算。

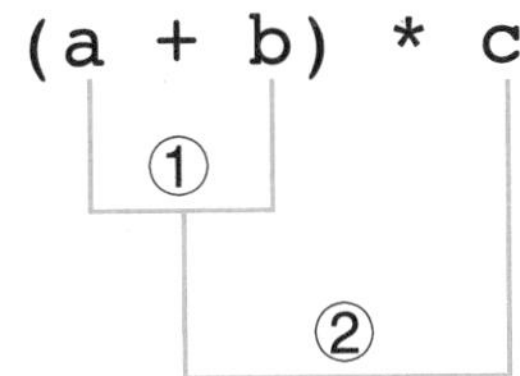

(a + b) * c
①
②

使用( )括起来时，优先计算括号内的内容。

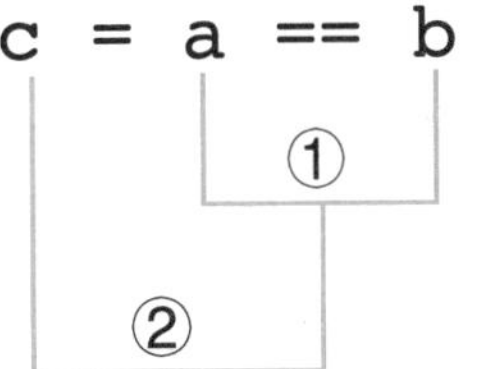

c = a == b
①
②

a和b相等时结果为True，不相等时结果为False，然后将结果代入c。

优先顺序同级时

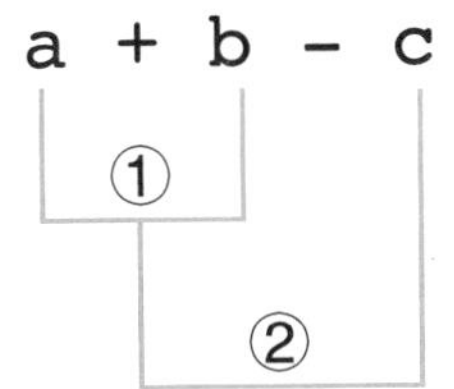

a + b - c
①
②

四则运算从左到右进行计算。

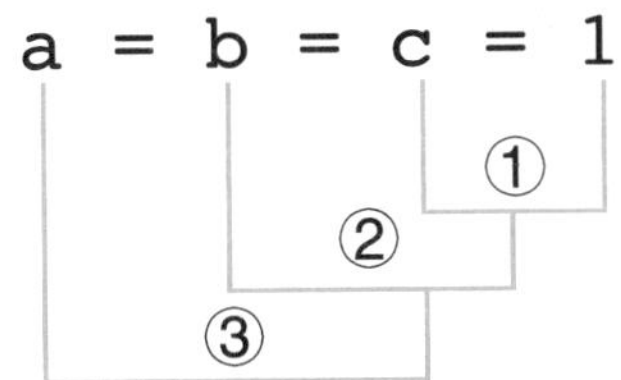

a = b = c = 1
①
②
③

赋值从右到左进行，最终a、b、c三者的值均为1。

输入复杂的表达式时，在合适的位置使用圆括号( )，可以让表达式更加清晰易读。

例

```
print('2×8-6÷2=', (2 * 8 - 6 / 2))
print('2×(8-6)÷2=', (2 * (8 - 6) / 2))
print('1-2+3=', (1 - 2 + 3))
print('1-(2+3)=', (1 - (2 + 3)))
```

运行结果

```
2×8-6÷2= 13.0
2×(8-6)÷2= 2.0
1-2+3= 2
1-(2+3)= -4
```

COLUMN

～复杂的逻辑运算～

逻辑运算：判断由多个条件组成的一个复合条件是否成立，并返回一个“True(真)”或“False（假）”的值。虽然容易让人感到非常复杂，但实际上类似这种建立在多种前提之上的判断，在日常生活中也司空见惯。举例来说，在商店买了合计395元的东西，首先大家都会看看钱包，确认一下都有哪几种纸币。既可能正好凑够395元，又可能包里只有5元纸币。如果只有5元纸币的话，就不得不破整钱了。没有特别用心考虑而进行的这一系列行为，一项一项单列出来就是非常标准的逻辑判断。

再举一个例子，来详细讲解一个逻辑运算。游乐场的娱乐设施里，不少都设置了入场规定，必须全部满足才可以参加游玩。如下所示：

①年满6岁（除非身高大于130cm并有他人陪伴）

②身高大于130cm

③心脏疾病患者请不要游玩

设年龄为age、身高为height（cm）、健康为health、有他人陪伴为pg，则乘坐此娱乐设施的入场规定将如下所示。你明白了吗?

```
((age >= 6 and height >= 130) or (height >= 130 and pg)) and health
```

接下来，再介绍一个判断年份是否为闰年的条件式。

要想一个年份是闰年，需要满足以下几个条件：

①公历年份数可以被4整除

②但是，公历年份数可以被100整除的年份除外

③但是，公历年份数可以被400整除的年份包含在内

看似是非常复杂的条件，用Python的代码则如下所示：

（变量 a 为公历年份时）

```
(a % 4 == 0 and a % 100 != 0) or a % 400 == 0
```

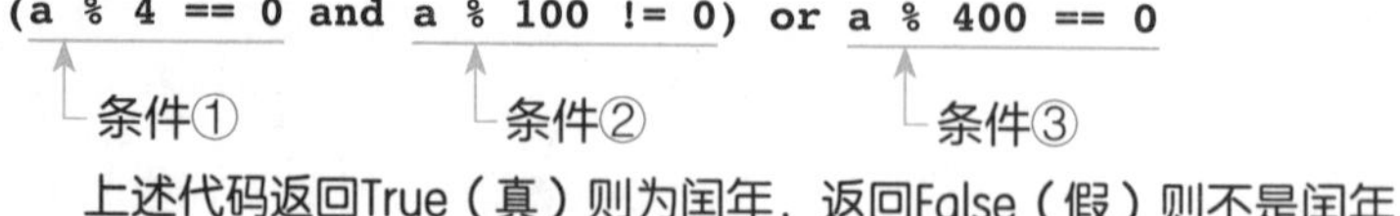
条件①
条件②
条件③

上述代码返回True（真）则为闰年，返回False（假）则不是闰年。

3

列表

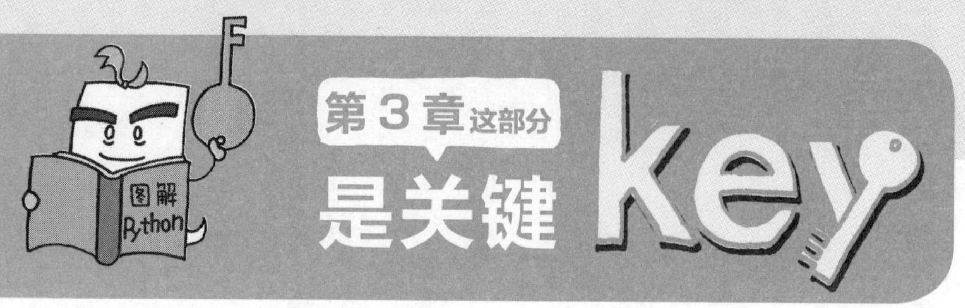
图解
Python
第 3 章 这部分
是关键
key

多种可以保存多个元素的收纳盒

本章我们将学习：**列表**型、**元组**型、**字典**型、**集合**型。这些数据类型，可以起到将多个元素纳入一个“收纳盒”来进行管理的作用。在其他的编程语言中也有“数组”功能，而“数组”与我们即将学习的数据类型既相似又不同。

列表，是可以统合整理多个数据的，最为基本的一种数据类型。创建列表，可以将数据用逗号 (,) 分隔开，再用方括号 [ ] 括起来即可。这个列表中的各个数据称之为**元素**。每个元素具有其各自的索引，列表**索引序号**应从0开始。通常使用这些索引序号来对元素进行操作。

元组，与列表非常类似，不同之处在于无法对元素进行更改。虽然元组仅需用逗号分隔开多个元素即可创建，但通常使用圆括号 ( ) 括起全部元素。

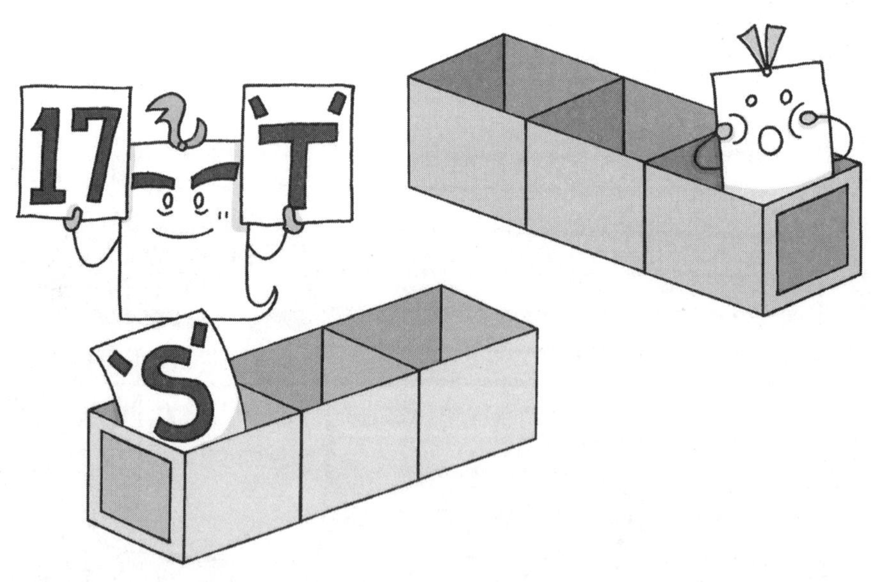
17
'T'
'S'

字典与集合

列表中的元素分别对应的是“下标索引”和“值”，而字典这种数据类型，是将每个元素以“**键**”和“值”的数据对形式进行处理。字典与其他编程语言中的关联数组等价。举例来说，将词组“草莓”定义为键，数值1定义为值，则键值对写作“ '草莓':1 ”。将此键值对作为一个元素，使用逗号分隔开，再用花括号{ }括起来，就成了一个字典。列表中使用下标索引来进行数据操作，而字典中的元素不存在顺序，从而使用键来进行数据操作。

值

集合，是一种仅由数据构成的数组，无法重复出现同一个元素。既没有任何索引编号，也没有元素的顺序规定。可以通过**操作集合**，来依照条件整理多个集合。

以列表为首的几种数据类型是Python的特征之一。通过理解各种数据类型的特征与性质，可以进一步深入了解Python。

列表(1)

使用列表，可以综合处理多个数据。

列表是什么

列表是数据类型的一种，就像可以整理收纳多个数据的收纳盒。创建列表，需要将元素用逗号(,)分隔开，再用方括号[ ]括起来。列表中的各个元素带有索引号（**索引**）。

```
a = [1, 2, 3]
```

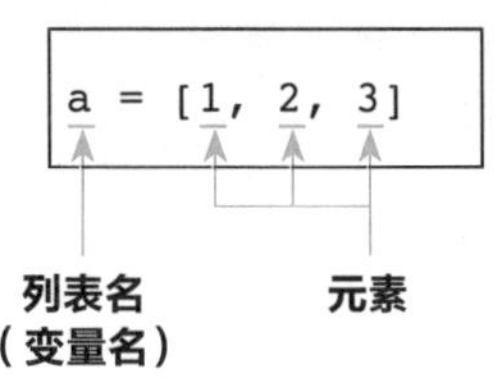
列表名
（变量名）
元素

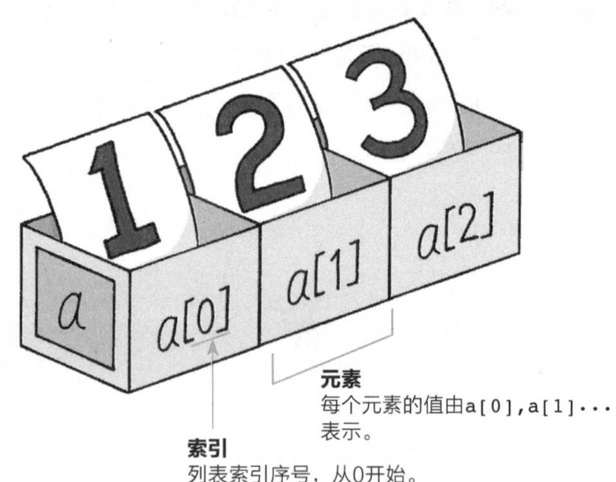
1
2
3
a
a[0]
a[1]
a[2]
元素
每个元素的值由a[0],a[1]...表示。
索引
列表索引序号，从0开始。

通过输入list()，或者在方括号[ ]内不输入元素，也可以生成空的列表。

```
animal_list = list()
```

或者

```
animal_list = []
```

数值、字符、字符串等不同数据类型的数据也可以保存在同一个列表中。

```
a = ['猫', 100]
```

'猫'
100
a
a[0]
a[1]

访问 / 更新列表中的元素

列表中的元素可以通过变量来进行访问。索引序号从0开始依次给各元素编号。

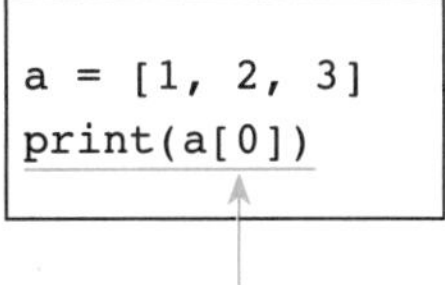

```
a = [1, 2, 3]
print(a[0])
```

显示列表的第一个数值

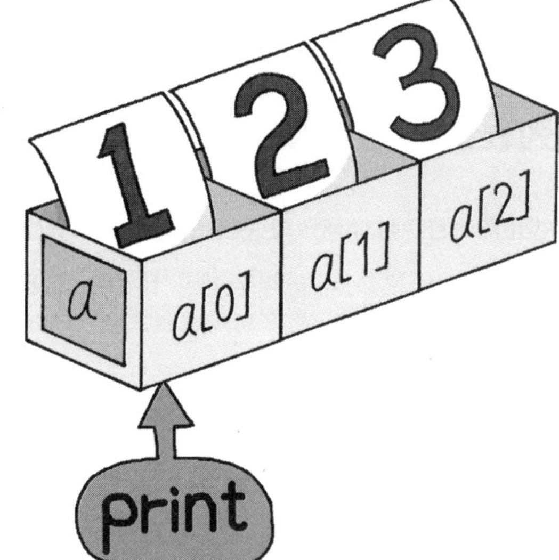
1
2
3
a
a[0]
a[1]
a[2]
print

形如a=[−1]，索引使用负数，可以从列表末尾开始计数并访问对应的元素。

也可以更新列表中元素的值。

```
a = [1, 2, 3]
a[0] = 'One'
a[1] = 'Two'
a[2] = 'Three'
```

'One'
'Two'
'Three'
1
2
3
a
a[0]
a[1]
a[2]

列表（2）

获取与列表相关的各种数值，在列表中插入列表。

获取列表的元素个数

查看列表中的元素个数使用**len( )**。在圆括号（ ）中输入需要查询的列表名称，则返回数值。

```
a = ['A', 'B', 'C', 'D', 'E']
length = len(a)
```

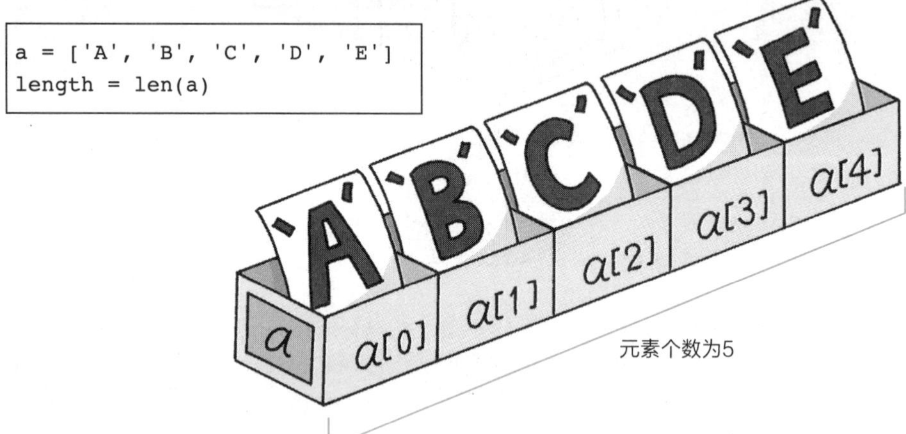

A
B
C
D
E
a
a[0]
a[1]
a[2]
a[3]
a[4]
元素个数为5

判断列表中是否存在元素

判断列表中是否含有特定值使用**in**，结果返回True或者False。

```
list1 = ['Ace', 'King', 'Queen']
chk = 'Ace' in list1
```

希望判断是否为列表中的值
希望查询的列表名称
Ace
King
Queen
Ace
?

从别的型转换为列表型

使用`list()`函数就可以将字符串和元组等类型的数据转换为列表。

```
a = list('ABCDE')
```

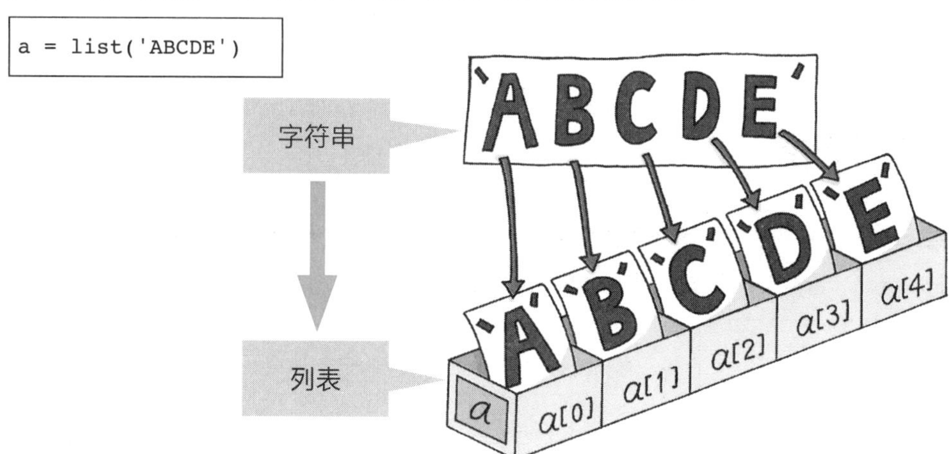

字符串
列表
'ABCDE'
a
a[0]
a[1]
a[2]
a[3]
a[4]

列表中的列表

列表可以忽略放入其中的元素的型，所以，也可以将列表当作列表的一个元素来使用。

```
a1 = ['A', 'B', 'C']
a2 = ['D', 'E', 'F']
a =  [a1, a2]
```

在列表中包含列表

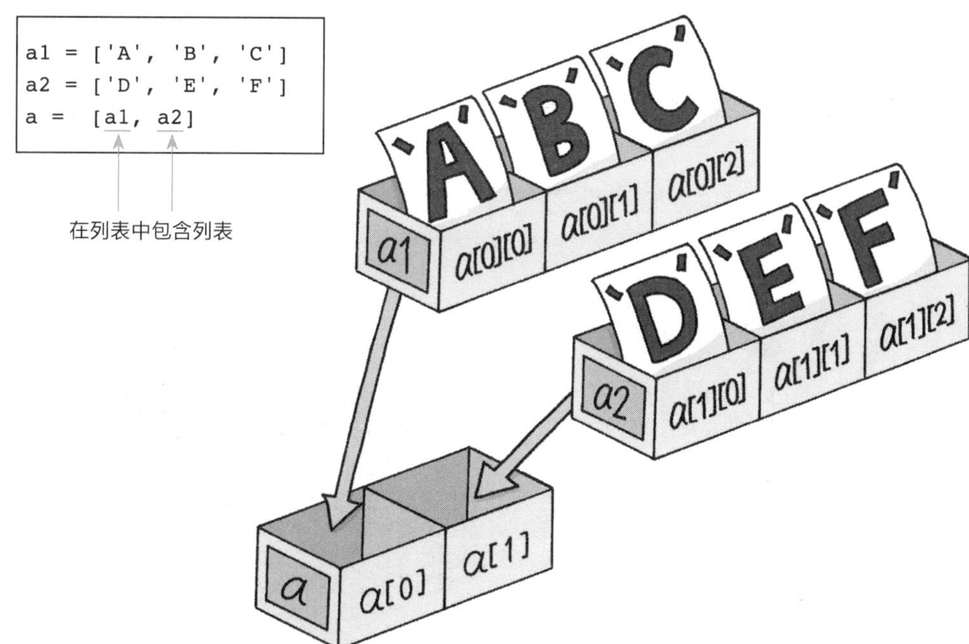

a1
a[0][0]
a[0][1]
a[0][2]
a2
a[1][0]
a[1][1]
a[1][2]
a
a[0]
a[1]

列表的操作(1)

向列表中直接添加元素，如何连结列表等操作。

添加元素

若要向列表中添加新的元素，需要使用**append()**方式或者**insert()**方式。如果使用了append()，新添加的元素会被添加到列表末尾。

```
a = [1, 2, 3]
a.append(4)
```

在列表a的末尾添加值[4]。

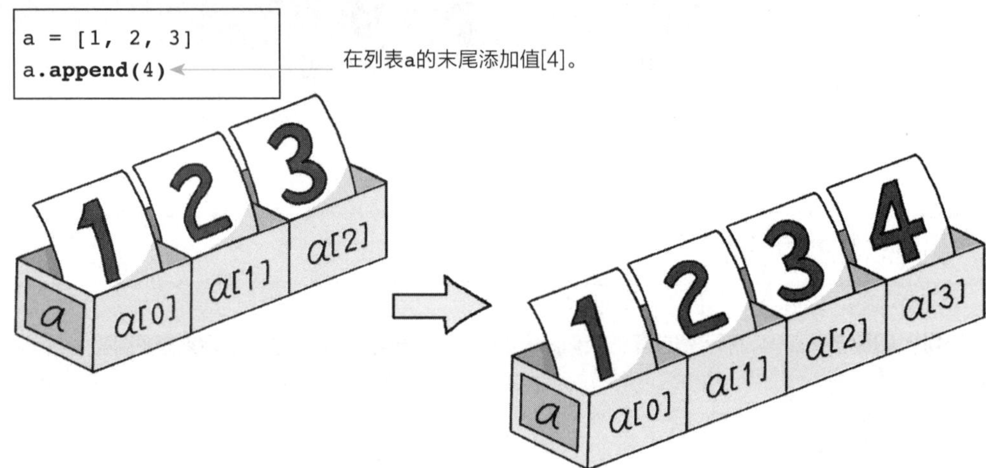

1
2
3
a
a[0]
a[1]
a[2]
1
2
3
4
a
a[0]
a[1]
a[2]
a[3]

如果想要在列表的指定位置添加元素，就要使用insert()。

```
a = [1, 3]
a.insert(1, 2)
```

在列表a的索引序号为1的位置之前插入值为2的元素。

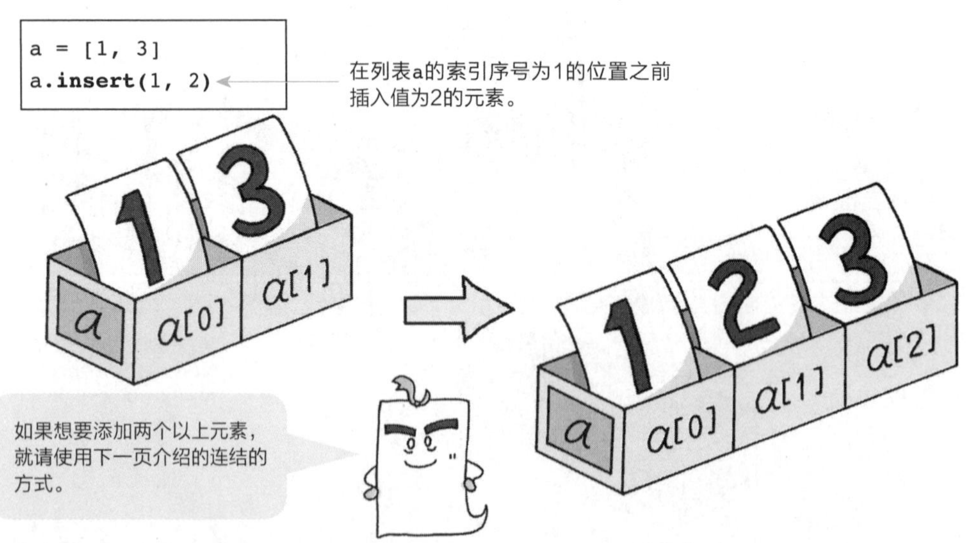

1
3
a
a[0]
a[1]
1
2
3
a
a[0]
a[1]
a[2]
如果想要添加两个以上元素，就请使用下一页介绍的连结的方式。

列表的连结

和变量相同，利用“+”运算符将两个列表连结为1个。

```
list1 = ['red', 'blue', 'yellow']
```

```
list2 = ['white', 'black']
```

```
a = list1 + list2
```

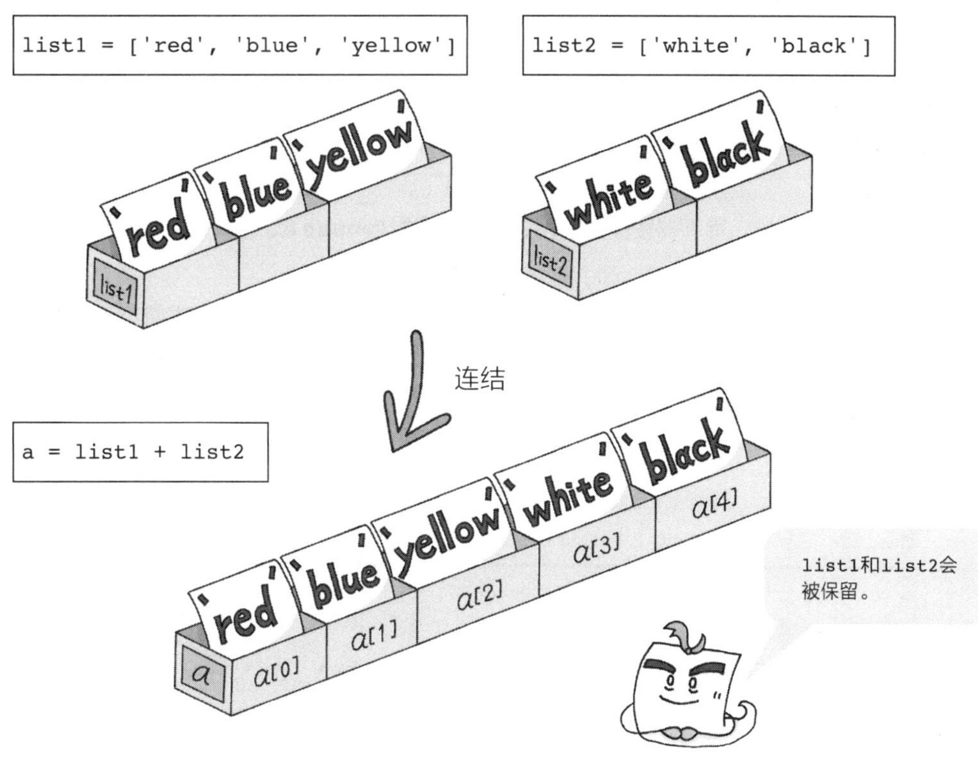
'red'
'blue'
'yellow'
list1
'white'
'black'
list2
连结
'red'
'blue'
'yellow'
'white'
'black'
a
a[0]
a[1]
a[2]
a[3]
a[4]
list1和list2会
被保留。

也可以使用“+=”运算符或者**extend()**方式将其连结。这类函数是将其他列表直接连结到原本的列表中，所以原本的列表不会被保留。

```
list1 += list2
```

或者

```
list1.extend(list2)
```

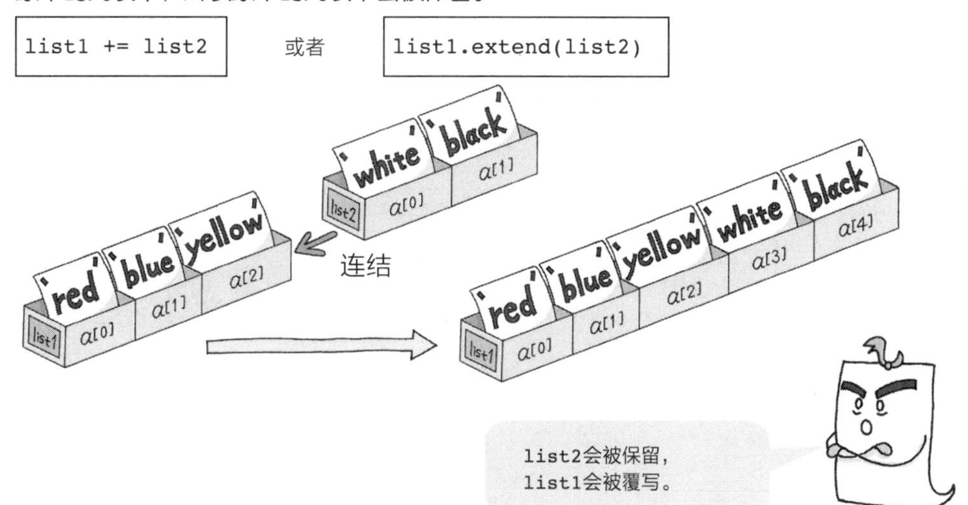
'white'
'black'
list2
a[0]
a[1]
连结
'red'
'blue'
'yellow'
list1
a[0]
a[1]
a[2]
'red'
'blue'
'yellow'
'white'
'black'
list1
a[0]
a[1]
a[2]
a[3]
a[4]
list2会被保留，
list1会被覆写。

1 编程基础
2 运算符
3 列表
4 流程控制语句
5 函数
6 字符串
7 文件和例外处理
8 类和对象
9 附录

列表的操作（2）

删除列表，将列表中的元素赋值给变量等。

删除列表中的元素

若要从列表中删除元素，则需要用**pop()**方法，或者使用**remove()**方法。

如果想通过指定索引序号来删除列表中的元素的话，需要使用pop()。如果指定了索引区间之外的值的话，会返回e错误值。

```
a = ['tea', 'coffee', 'soda', 'milk', 'juice']
p = a.pop(2)
```

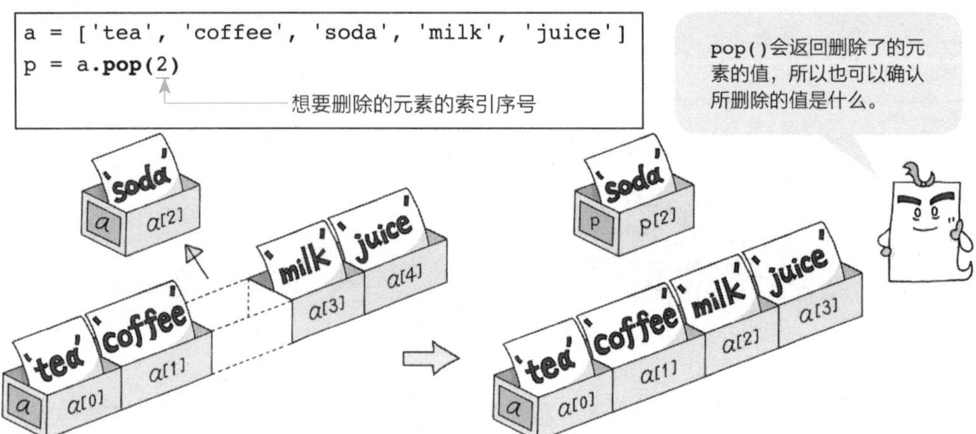

想要删除的元素的索引序号
pop()会返回删除了的元素的值，所以也可以确认所删除的值是什么。
'soda'
a
a[2]
'tea'
'coffee'
'milk'
'juice'
a[0]
a[1]
a[3]
a[4]
'soda'
p
p[2]
'tea'
'coffee'
'milk'
'juice'
a
a[0]
a[1]
a[2]
a[3]

如果想要删除有特定值的元素，则可以使用remove()。如果在列表里存在多个指定值，则删除第一个被发现的指定值。如果列表中没有想要删除的值，则会返回错误值。

```
a = ['tea', 'coffee', 'soda', 'milk', 'juice']
a.remove('juice')
```

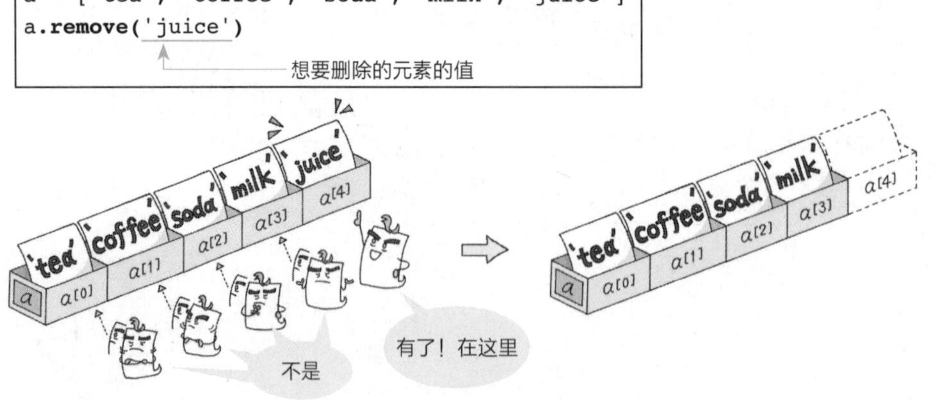

想要删除的元素的值
'tea'
'coffee'
'soda'
'milk'
'juice'
a
a[0]
a[1]
a[2]
a[3]
a[4]
不是
有了！在这里
'tea'
'coffee'
'soda'
'milk'
a
a[0]
a[1]
a[2]
a[3]
a[4]

通过 del 进行删除

也可以使用**del**进行列表元素的删除。del操作是将元素的对象本身从内存中删除的命令。

```
a = ['tea', 'coffee', 'soda', 'milk', 'juice']
del a[2]  ←——将元素a[2]删除。
```

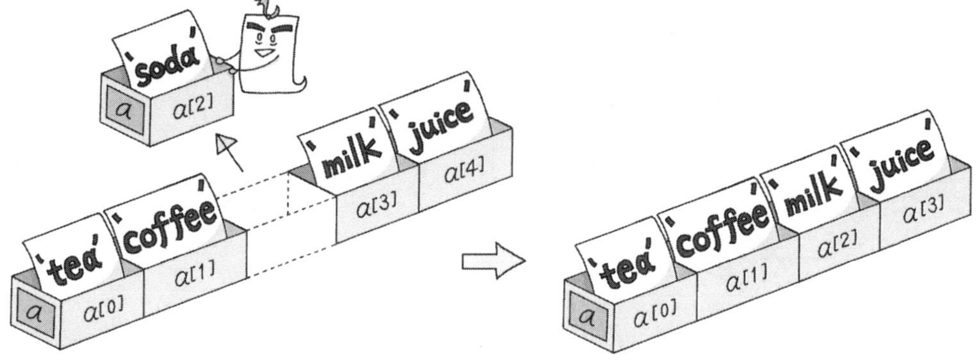

'soda'
a
a[2]
'milk'
'juice'
a[4]
a[3]
'tea'
'coffee'
a[0]
a[1]
'tea'
'coffee'
'milk'
'juice'
a
a[0]
a[1]
a[2]
a[3]

将列表分割为变量

将元素用逗号隔开，然后将既有的列表代入后，便可以将列表中的各个元素赋值给各个变量。

```
a = ['tea', 'coffee', 'soda']
x, y, z = a
```

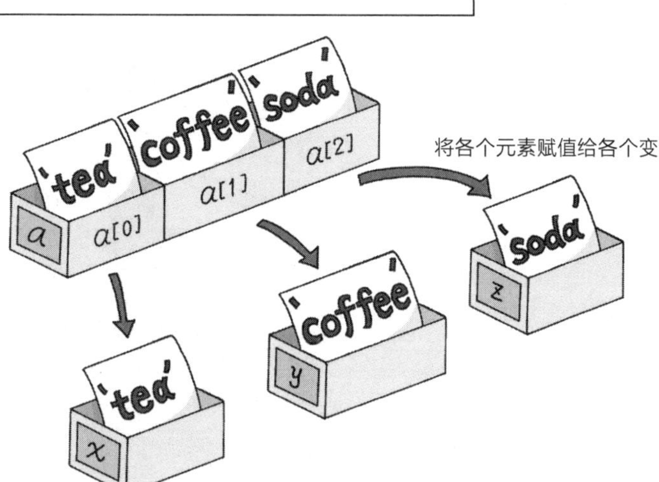

'tea'
'coffee'
'soda'
a
a[0]
a[1]
a[2]
将各个元素赋值给各个变量
'soda'
z
'coffee'
y
'tea'
x

列表的操作(3)

将列表中的元素删除或者将列表中的各元素重新排列。

什么是顺序排列

所谓顺序排列，就是将值按照数值大小的顺序排列。我们将值从小到大排列的称之为升序，将值由大到小排列的称之为降序。

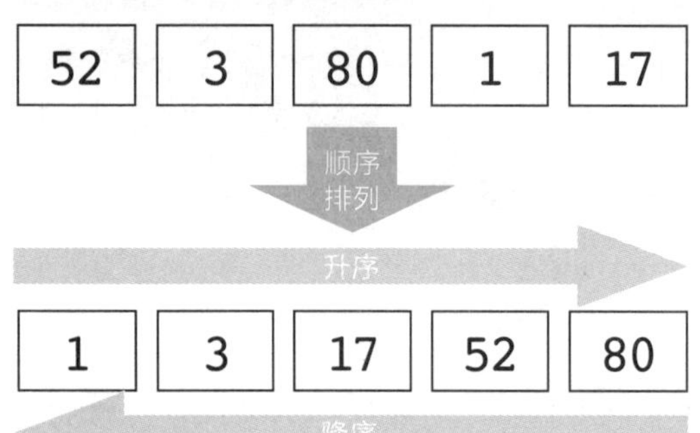
52
3
80
1
17
顺序
排列
升序
1
3
17
52
80
降序

字符串列表也可以按字典中的前后顺序进行升序和降序的排列。

使用 sort() 方式

所谓**sort()**方式，就是可以直接将列表重新编排。在不指定参数的情况下，默认是升序排列。

```
a = [52, 3, 80, 1, 17]
a.sort() ←—将列表a按升序排列。
```

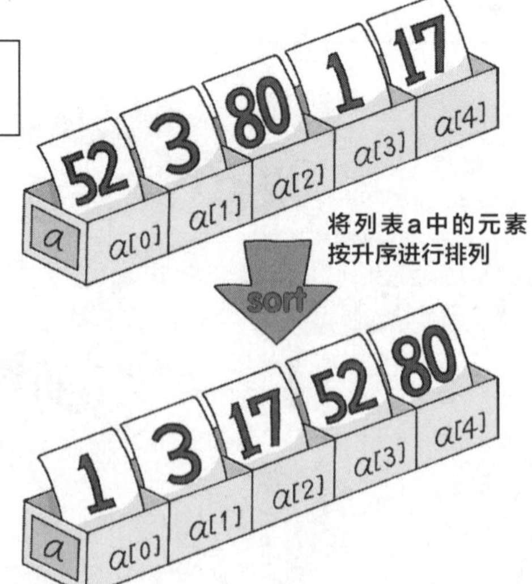
52
3
80
1
17
a
a[0]
a[1]
a[2]
a[3]
a[4]
将列表a中的元素
按升序进行排列
sort
1
3
17
52
80
a
a[0]
a[1]
a[2]
a[3]
a[4]

若在sort()中使用“reverse = True”的参数，则可以将列表以降序排列。

```
a = [52, 3, 80, 1, 17]
a.sort(reverse = True)
```

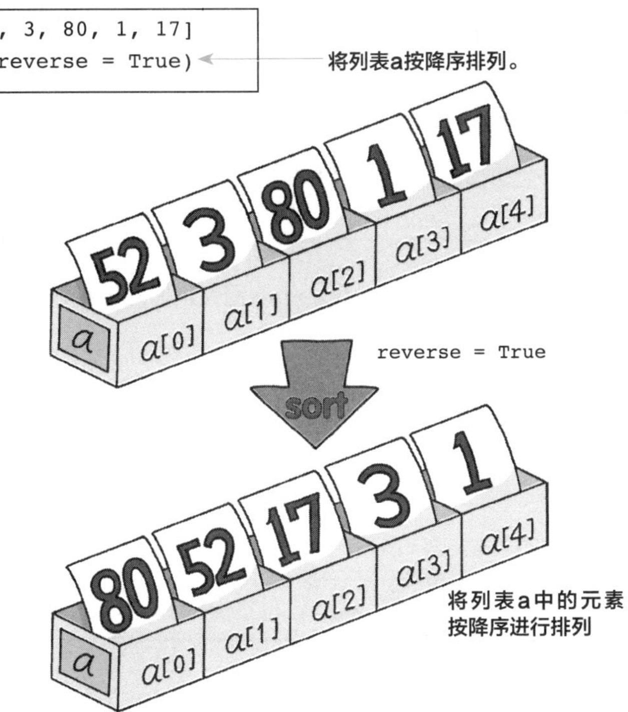

将列表a按降序排列。
52 3 80 1 17
a a[0] a[1] a[2] a[3] a[4]
reverse = True
sort
80 52 17 3 1
a a[0] a[1] a[2] a[3] a[4]
将列表a中的元素
按降序进行排列

使用 sorted()

sorted()是将原来的列表保留，并将新生成一个排列好的新列表作为结果返回。

```
a = [52, 3, 80, 1, 17]
b = sorted(a)
```

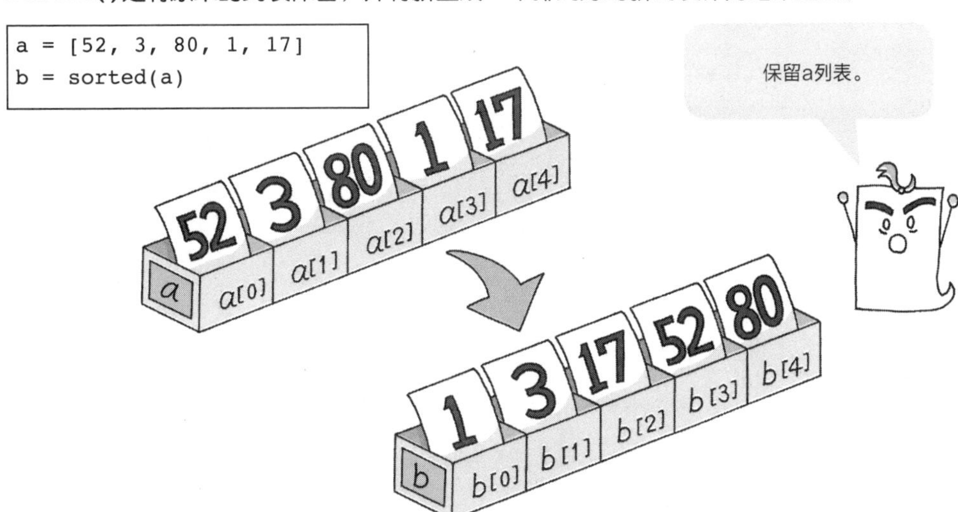

保留a列表。
52 3 80 1 17
a a[0] a[1] a[2] a[3] a[4]
1 3 17 52 80
b b[0] b[1] b[2] b[3] b[4]

1 编程基础
2 运算符
3 列表
4 流程控制语句
5 函数
6 字符串
7 文件和例外处理
8 类和对象
9 附录

元组

元组是用于定义多个数据的类型，与列表极为相似，但是不能在复制之后删添元素。

什么是元组

元组是数据类型的一种，可以将多个数据打包处理。虽然和列表极为相似，但是与列表相比，它不能对元素进行添加/变更/删除等操作。

列表的情况

C
可以更改!
A
B
D
a
a[0]
a[1]
a[2]

元组的情况

没法更改!
A
B
C
a
a[0]
a[1]
a[2]

虽然元组并不能在赋值后任意更改值，但是由于其性质，会经常被用于字典型的键(p.48)或者函数(p.88)的多个值的返回值上。

定义元组

定义元组时，需要用逗号“,”将元素区分开，并且用（ ）框住。

```
a = ('dog', 'cat', 'bird')
```

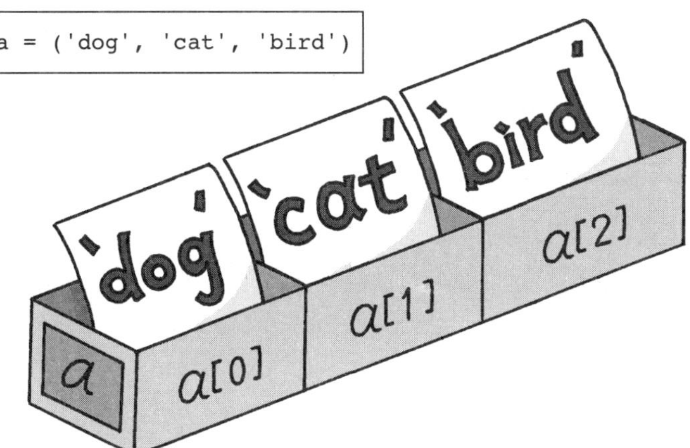

'dog'
'cat'
'bird'
a
a[0]
a[1]
a[2]

虽然( )可以被省略，但是一般来说会被保留使用。

元组包含的元素虽然不可以被变更，但是可以将元组和新的元组连结，并重新定义一个新的元组。

```
a = (10, 20)
b = ('A', 'B')
c = a + b
```

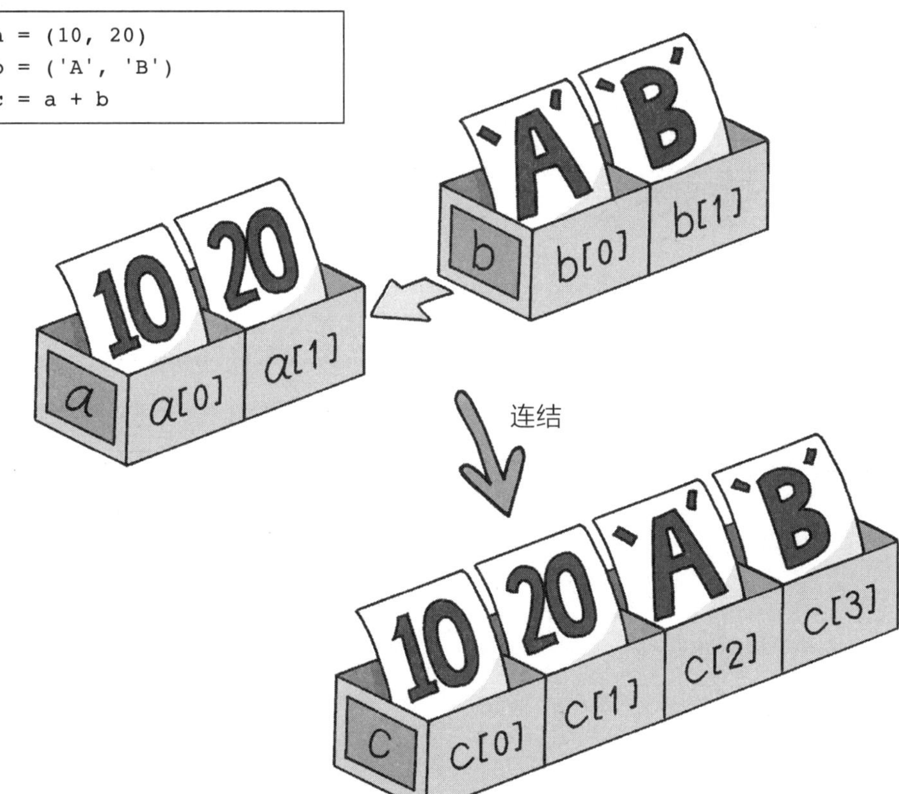

'A'
'B'
b
b[0]
b[1]
10
20
a
a[0]
a[1]
连结
10
20
'A'
'B'
c
c[0]
c[1]
c[2]
c[3]

1 编程基础

2 运算符

3 列表

4 流程控制语句

5 函数

6 字符串

7 文件和例外处理

8 类和对象

9 附录

字典(1)

在字典型中，各元素和键值需要配对使用。

字典

所谓**字典**，其实是一种数据类型，可以将多个数据集结在一起使用。虽然和列表有几分相似，但各元素的**键**和值需要配对使用，与此同时，需要使用{}将其括住。

```
a = {'苹果':1, '草莓':5, '橘子':10}
```

键:值

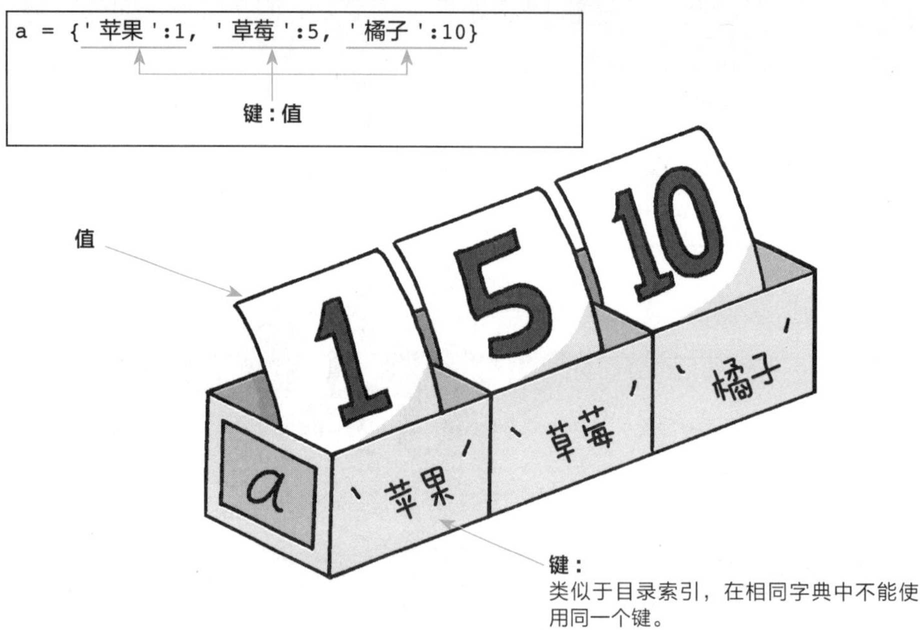

值
1
5
10
a
'苹果'
'草莓'
'橘子'
键：
类似于目录索引，在相同字典中不能使用同一个键。

可以将字符串、数值等作为元素的元组作为键来使用。

```
a = {('巧克力', 200):20, ('马卡龙', 500):15, ('曲奇', 300):30}
```

将元组作为键使用

引用字典中的元素

若要引用字典中的要素的话，需要指定键。但是如果在所使用的字典中没有该键存在的话，会返回错误值。

```
a = {'苹果':1, '草莓':5, '橘子':10}
```

1
5
10
a
'苹果'
'草莓'
'橘子'

虽然有'苹果'
但是没有'柠檬'。

```
v1 = a['草莓']
```

'草莓'在列表中存在

↓

v1的键是'草莓'这个元素所对应的值5

```
v2 = a['柠檬']
```

'柠檬'在列表中不存在

↓

错误

可以使用**in**运算符或者**not in**运算符来查询是否存在键。

```
f1 = '草莓' in a
```

'草莓'在列表中是否存在？→存在

↓

f1是True

```
f2 = '柠檬' not in a
```

'柠檬'在列表中是否不存在？→不存在

↓

f2是True

如果使用**get()**方式的话，如果指定的键存在则返回指定键所对应的值，如果不存在指定的键则返回None，所以不会报错。

```
v1 = a.get('草莓')
```

'草莓'在列表中存在

↓

v1的值是键'草莓'元素所对应的值5

```
v2 = a.get('柠檬')
```

'柠檬'在列表中不存在

↓

v2的值是None

字典(2)

可以使用多种方法创建字典。

元素的值的代入

如果指定已经存在的键时，可以使用字典名[键]=值将值更新（覆写）。

```
a = {'巧克力' : 1, '马卡龙' : 2, '曲奇' : 3}
a['巧克力'] = 'One'
a['马卡龙'] = 'Two'
a['曲奇'] = 'Three'
```

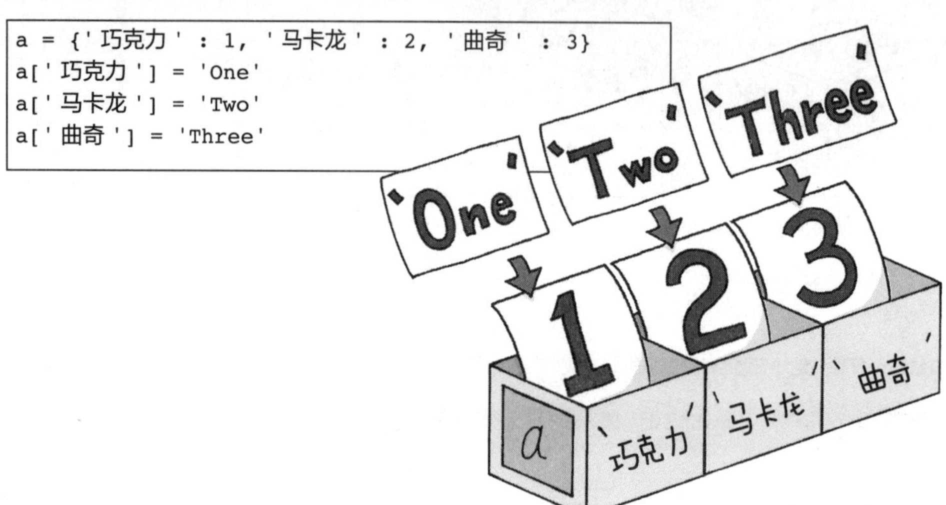

'One'
'Two'
'Three'
1
2
3
a
'巧克力'
'马卡龙'
'曲奇'

利用 dict() 创建字典

使用**dict()**就可以通过将值放到参数中这种方式直接创建字典，或者将列表、元组转化为字典。

»指定关键参数创建字典

```
d = dict(巧克力 = 20, 马卡龙 = 15, 曲奇 = 30)
```

将键和值都放入参数中

在dict()中使用关键参数时，即使是字符串也不加''。

》通过使用 zip()，将键列表和值列表融合来创建字典

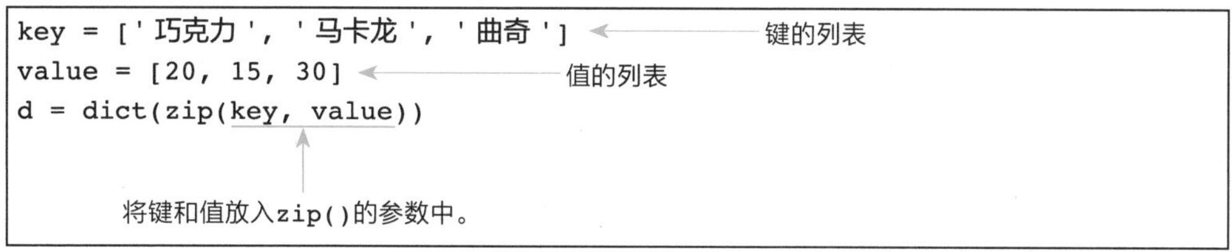

```
key = ['巧克力', '马卡龙', '曲奇']     ← 键的列表
value = [20, 15, 30]     ← 值的列表
d = dict(zip(key, value))
```


将键和值放入zip()的参数中。

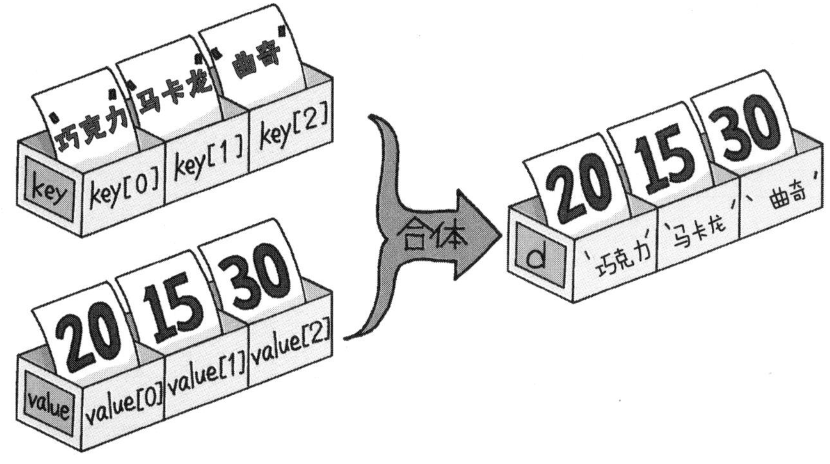

'巧克力'
'马卡龙'
'曲奇'
key
key[0]
key[1]
key[2]
20
15
30
value
value[0]
value[1]
value[2]
合体
d
'巧克力'
'马卡龙'
'曲奇'

》从元组的列表中创建字典

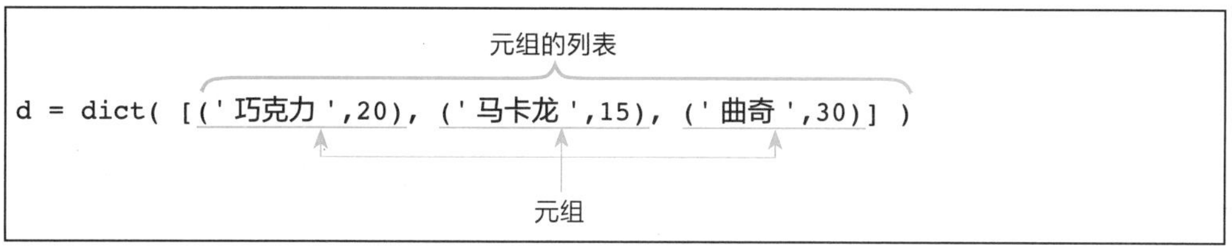

```
d = dict( [('巧克力',20), ('马卡龙',15), ('曲奇',30)] )
```


元组的列表
元组

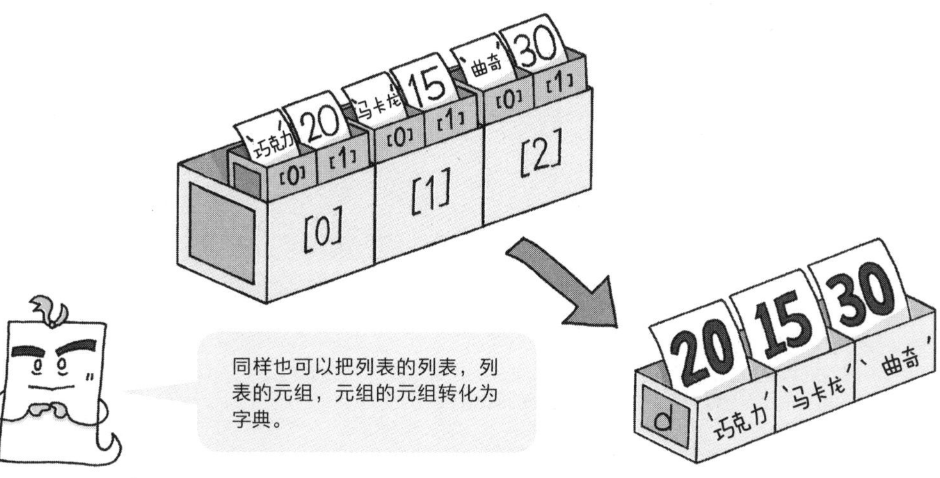

'巧克力'
20
'马卡龙'
15
'曲奇'
30
[0]
[1]
[2]
d
同样也可以把列表的列表，列表的元组，元组的元组转化为字典。

字典的操作(1)

本节将介绍添加或者删除字典中的元素的方法。

添加字典的元素

若要在字典中添加元素的话，既可以使用“**字典名[键]=值**”的方式直接定义，也可以使用**setdefault()**方式。

```
a = {'巧克力' : 20, '马卡龙' : 15, '曲奇' : 30}
```

20
15
30
a
'巧克力'
'马卡龙'
'曲奇'


```
a['糖果'] = 50
```

或者是

```
a.setdefault('糖果', 50)
```

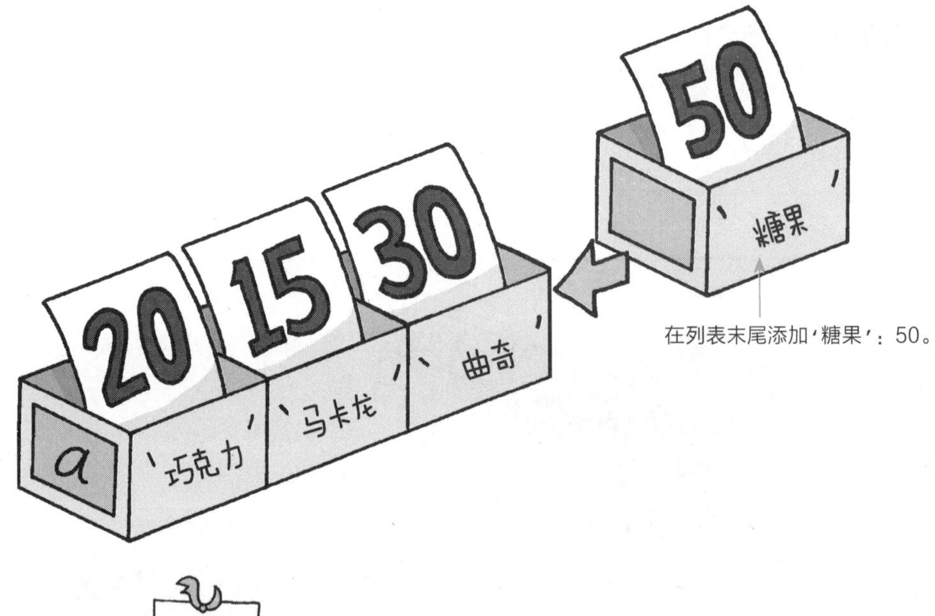

50
'糖果'
20
15
30
a
'巧克力'
'马卡龙'
'曲奇'

在列表末尾添加'糖果'：50。

使用setdefault()时，无法对已有的键的值进行更新。

删除字典的元素

如果想要删除特定的键所对应的元素的话，可以使用del命令或者pop()方式来指定要删除的元素的键。无论是两者中的哪种方式，在所指定的键不存在的情况下都会返回错误值，请务必注意这一点。

```
del a['马卡龙']
```

或者

```
a.pop('马卡龙')
```

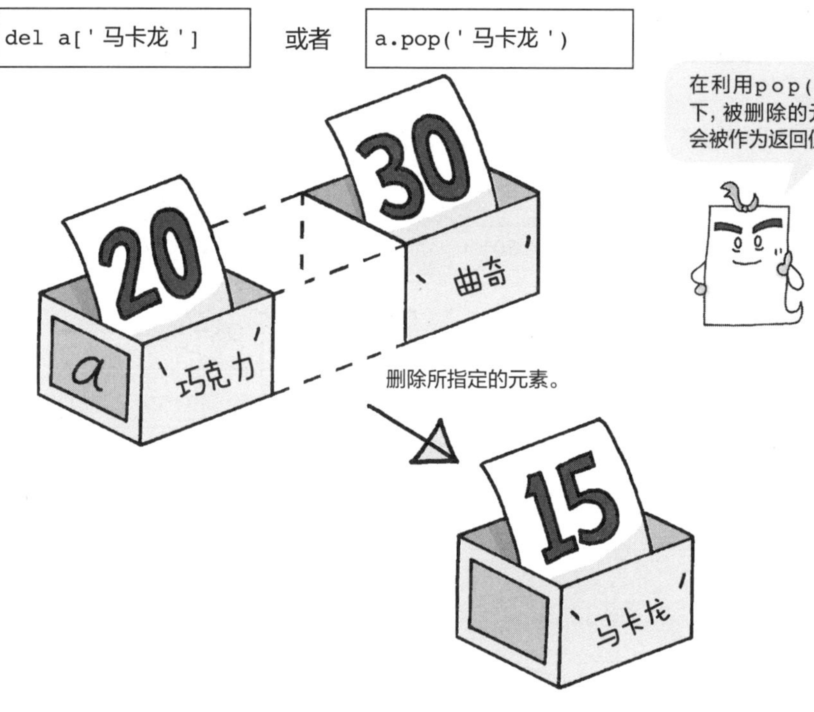

在利用pop()的情况下，被删除的元素的值会被作为返回值返回。
20
a
巧克力
30
曲奇
删除所指定的元素。
15
马卡龙

同时，如果想要将字典中的所有元素整体删除，可以使用clear()方式。虽然字典里的元素会被彻底清除，但是字典本身会保留。

```
a.clear()
```

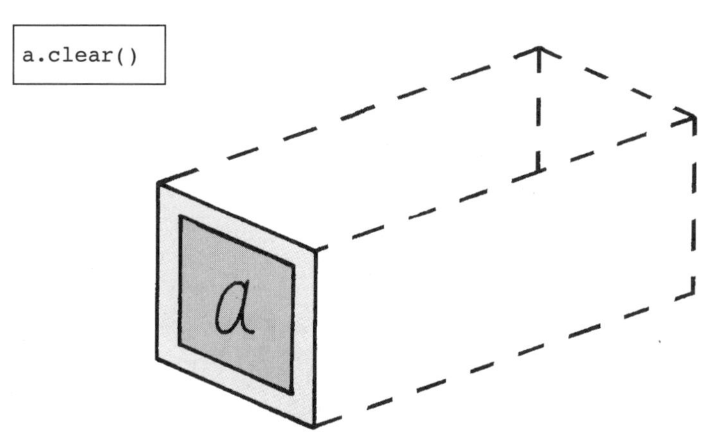

a

1
编程基础

2
运算符

3
列表

4
流程控制语句

5
函数

6
字符串

7
文件和例外处理

8
类和对象

9
附录

字典的操作（2）

可以将字典中的元素、键或者值取出，并用其创建列表。

创建字典的键的列表

如果想要只抽取字典中的键，用其创建列表的话，需要使用**key()**方式。在这个过程中，所取得的返回值可以使用十分便捷的list()来转化为列表。

```
a = {'PS3 : 30, 'PS4 : 3, 'PS2 : 50}
```

30
3
50
a
`PS3´
`PS4´
`PS2´

```
key = list(a.keys())
```

取出所有的键。（a.keys()）

将取出的键转换为列表。

`PS3´
`PS4´
`PS2´
key
key[0]
key[1]
key[2]

创建字典的值的列表

如果想要只抽取字典中的值，用其创建列表的话，需要使用**values()**方式。在这个过程中，所取得的值也同key()方式一样，可以便捷地利用list()将其转换为列表。

```
value = list(a.values())
```

取出所有的值。（a.values()）

将取出的值转换为列表。

30
3
50
value
value[0]
value[1]
value[2]

创建字典的元素的列表

如果想要只抽取字典中的元素（键和值），用其创建列表的话，需要使用**items()**方式。在这个过程中所取得的值也同key()方式一样，可以便捷地利用list()将其转换为列表。

```
item = list(a.items())
```


取出所有的值。
将取出的值转换为列表。

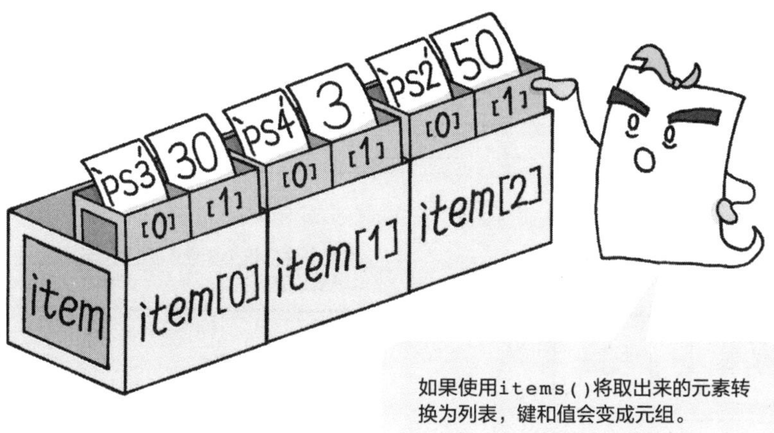

item
item[0]
item[1]
item[2]
[0]
[1]
ps3
30
ps4
3
ps2
50

如果使用items()将取出来的元素转换为列表，键和值会变成元组。

集合(组)

可以利用集合对元素进行分组并加以利用。

什么是集合

所谓集合，就是将元素进行分组利用的一种数据类型。虽然和列表相似，但是集合内的各元素之间没有排列顺序的概念。同时，虽然在列表中可以出现多个拥有相同值的元素，但在集合中并不能出现多个拥有相同值的元素。

```
a = {'苹果','草莓','橘子','柠檬'}
```

将元素用 {} 框住

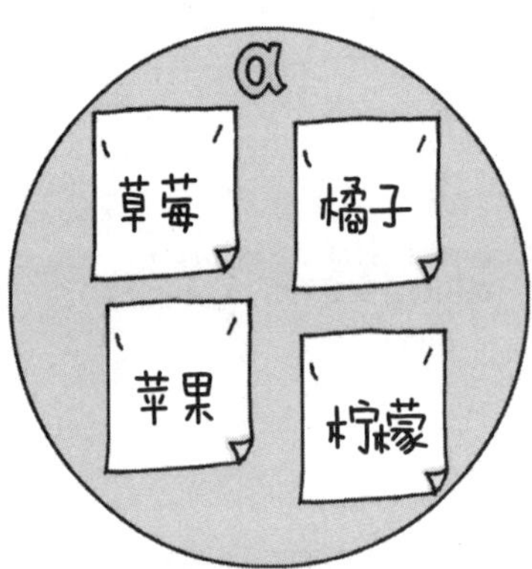

a
草莓
橘子
苹果
柠檬

没有办法向这个集合中添加已经存在的'苹果'等元素。

从其他数据类型转换为集合型

可以通过使用**set()**将其他数据类型的变量转换为集合型。

```
seta = set('ABCDE')
```

想要删除的值

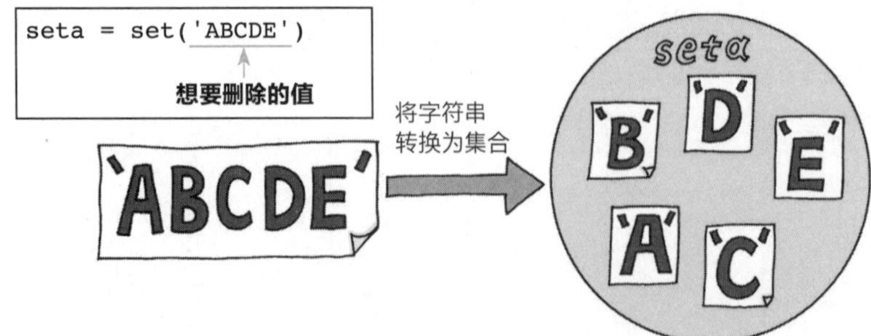

将字符串
转换为集合
'ABCDE'
seta
B
D
E
A
C

我们也可以把列表转换为集合。如果在列表中存在多个重复值，则会在自动剔除这些重复值后转换为集合。

```
li = [1, 5, 11, 9, 7, 1]
setb = set(li)
```

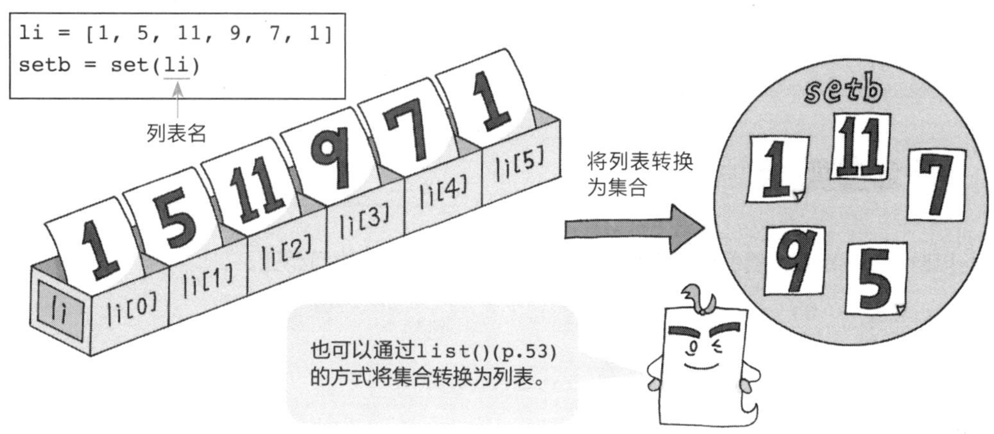

列表名
li
li[0]
li[1]
li[2]
li[3]
li[4]
li[5]
将列表转换为集合
setb
也可以通过list()(p.53)的方式将集合转换为列表。

获取集合中的元素个数

如果需要确认集合中存在的元素的个数，可以使用**len()**。在（ ）加入想要查询的列表的变量名，结果就会被以数值的形式返回。

```
colorM = {'C','M','Y','K'}
length= len(colorM)
```

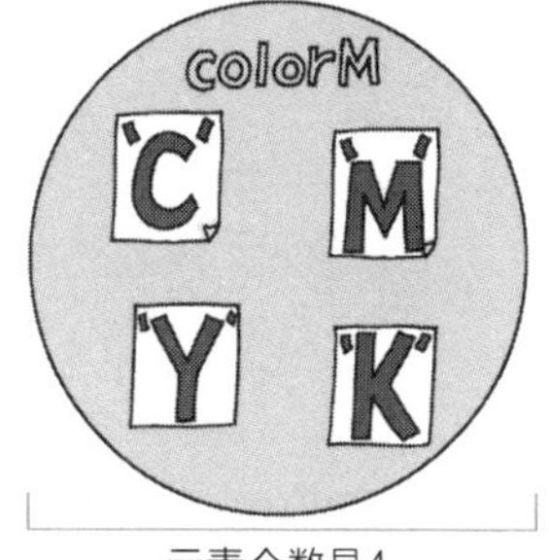

colorM

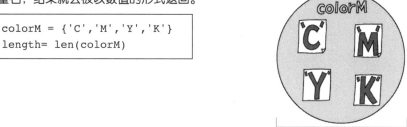

元素个数是4

判断值是否存在

我们可以通过使用**in**来查询特定的值是否被包含于集合之中，最后会将True或者False作为值返回到结果中。

```
swt = {'巧克力', '饼干', '雪糕'}
chk = '饼干' in swt
```

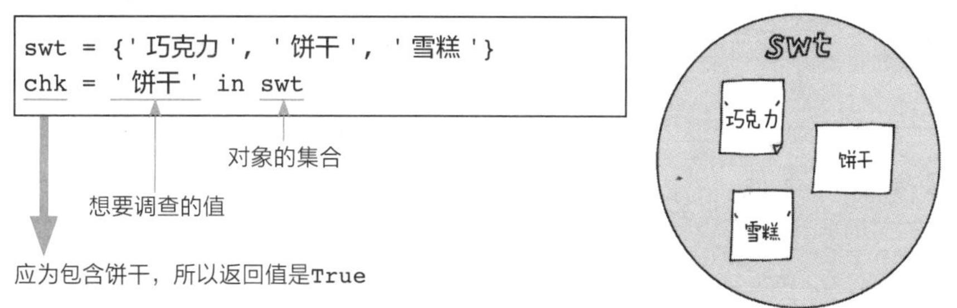

对象的集合
想要调查的值
应为包含饼干，所以返回值是True
swt
巧克力
饼干
雪糕

1 编程基础
2 运算符
3 列表
4 流程控制语句
5 函数
6 字符串
7 文件和例外处理
8 类和对象
9 附录

集合的运算(1)

如果想要在编程中使用集合，集合运算是必须要掌握的一个知识点。

什么是集合运算

可以通过使用集合运算的运算符和函数，将两个以上的集合进行整理。

	运算符	函数
集合的乘积	&	intersection()
集合的和	|	union()
集合的差	-	difference()
对称差集	^	symmetric_difference()
子集	<=	issubset()
真子集（是子集，但不相等）	<	
父集	>=	issuperset()
真父集（是父集，但不相等）	>	

下面就让我以集合a和b为例进行集合的运算。

```
a =  {'黄色', '绿色', '红色', '紫色'}
b =  {'蓝色', '绿色', '紫色'}
```

a
黄色
绿色
红色
紫色

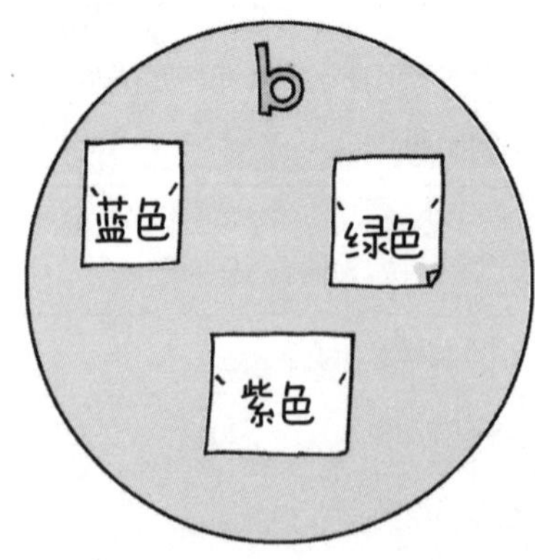
b
蓝色
绿色
紫色

集合的乘积

集合的乘积是将两个以上集合的共同部分的元素取出来的操作。在集合的乘积运算中，需要使用&或者**intersection()**方式。

```
c = a & b
```

或者是

```
c = a.intersection(b)
```

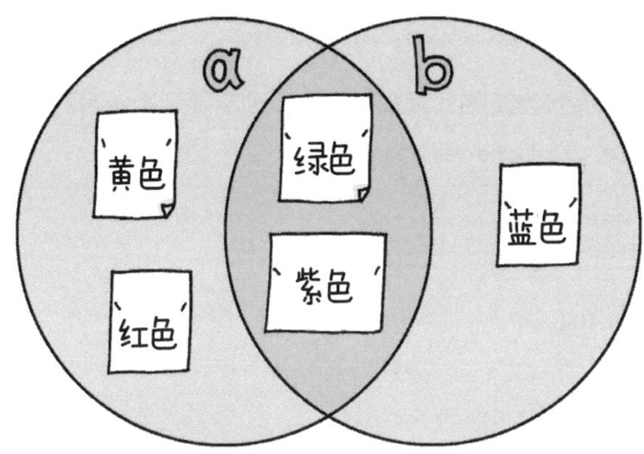
a
b
黄色
绿色
蓝色
紫色
红色

如果想要同时做三个以上集合的运算的话，可以采用a&b&c或者a.intersection(b,c)的方式。

集合 a 和 b 的乘积是集合 c :{'绿色', '紫色'}。

集合的和

集合的和是将两个集合合为一个集合的操作，运算集合的和需要用到"|"运算符或者union()方式。

```
c = a|b
```

或者是

```
c = a.union(b)
```

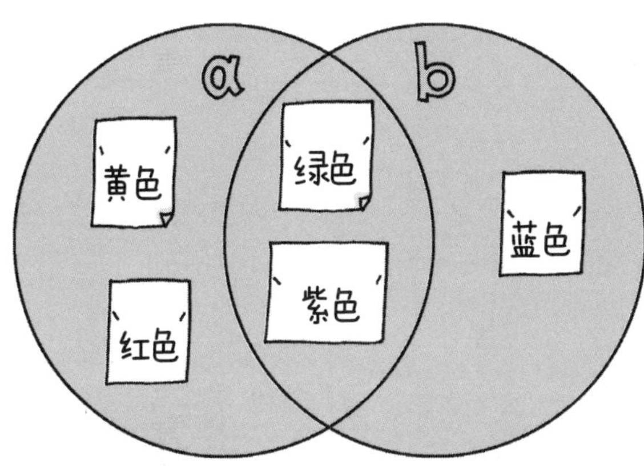
a
b
黄色
绿色
蓝色
紫色
红色

集合 a 和 b 的和是集合 c :{'绿色', '黄色', '红色', '蓝色', '紫色' }。

集合的运算（2）

本节我们会对集合的差、对称差集、子集进行理解。

集合的差

存在集合a和集合b，并且想把集合a中与集合b重复的元素剔除出去，则需要运用集合的差运算。进行该运算时需要用“-”运算符或者**differece()**方式。

```
c = a - b
```

或者是

```
c = a.difference(b)
```

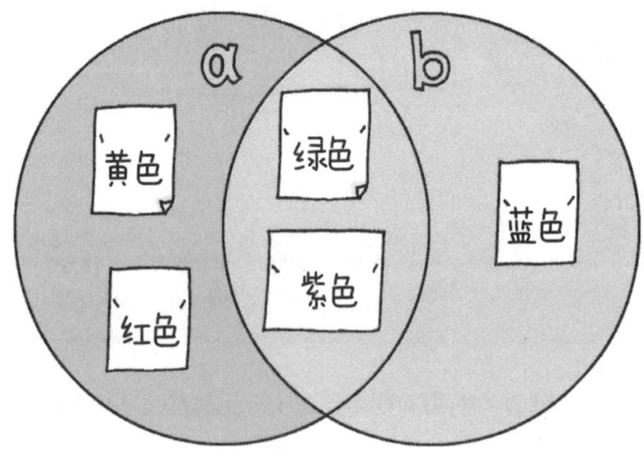

a
b
黄色
绿色
蓝色
紫色
红色

集合a和b的差是集合c：{‘黄色’，‘红色’}。

对称差集

将集合a和集合b中两者不共有的那部分元素取出来，构成的新的集合叫做对称差集。想要得到对称差集，需要使用“^”运算符或者**symmetric_difference()**方式。

```
c = a ^ b
```

或者是

```
c = a.symmetric_difference(b)
```

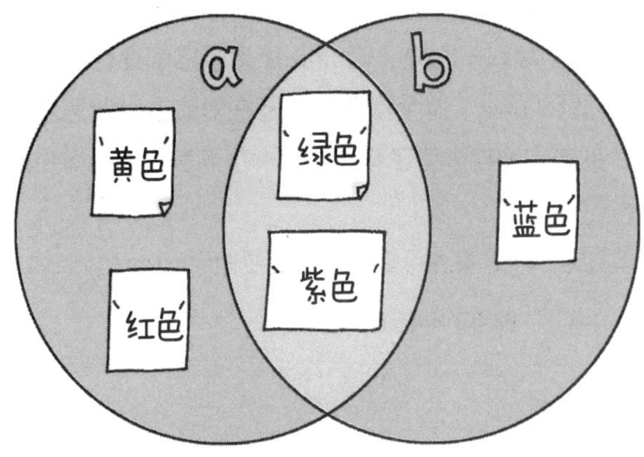

a
b
黄色
绿色
蓝色
紫色
红色

集合a和b的对称差集是集合c：{‘黄色’，‘红色’，‘蓝色’}。

子集

当存在集合a和集合b时，集合的其中一方所含有的元素是否可以完全被包含在另一方的集合之中，这个问题可以通过“<=”运算符或者**issubset()**方式查询得到结果。如果该集合彻底被包含在另一个之中，则返回True值；反之，如果没有，则返回False值。

```
a =  {'绿色', '紫色', '蓝色', '黄色'}
b =  {'蓝色', '黄色'}
```

```
c = b <= a
```

或者是

```
c = b.issubset(a)
```

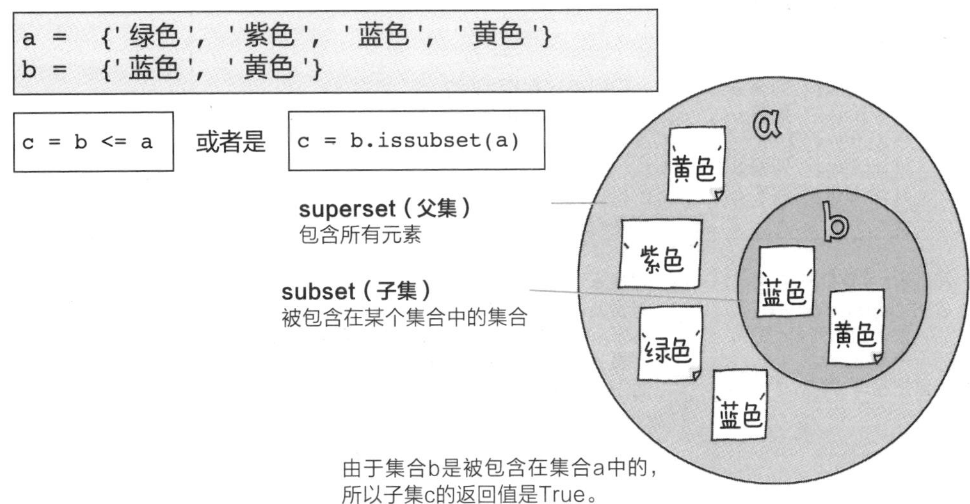

superset（父集）
包含所有元素
subset（子集）
被包含在某个集合中的集合
a
b
黄色
紫色
绿色
蓝色
蓝色
黄色

由于集合b是被包含在集合a中的，所以子集c的返回值是True。

COLUMN

～列表的复制～

将已定义的列表a=[10,20,30]以“b=a”的方式代入到变量中，这样一来，a和b就可以自由地使用列表了。虽然看上去该操作是将列表进行了复制，但实际上并不是这样。实际上，作为列表的本体的“对象”存在于别处，而a和b所记录的都是用于标记其本体所在位置的“位置信息”。因此，“b=a”这个操作无非是在对这些位置信息进行着交易。所以，如果对其中的一个列表的内容进行了修改，另一个列表内的内容也会同样被改写。

如果想要把拥有相同值的列表作为另一种对象进行复制，则需要使用**copy()**方式。

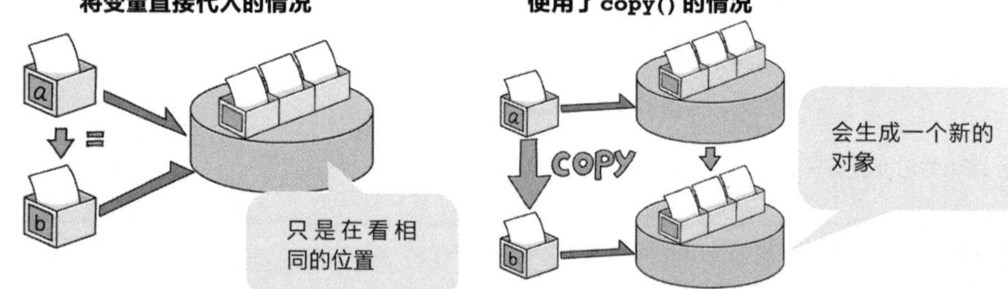
将变量直接代入的情况
a
=
b
只是在看相同的位置
使用了copy()的情况
a
COPY
b
会生成一个新的对象

下面的代码是将列表a代入到变量b的情况和使用copy()复制出了一个列表c时，观察其对象是否都是同一个的程序。

```
a = [10, 20, 30]
print('列表a:', a)
b = a
c = a.copy()
print('列表b', b, '和列表a是否相同?:', b is a)
print('列表c', c, '和列表a是否相同?:', c is a)
a[0] = 1
print('列表b:', b)
print('列表c:', c)
```

这里也可以写成list(a)。

is运算符
可用来比较对象。

运行结果

```
列表a: [10, 20, 30]
列表b [10, 20, 30] 和列表a是否相同?: True
列表c [10, 20, 30] 和列表a是否相同?: False
列表b: [1, 20, 30]
列表c: [10, 20, 30]
```

和列表a共享同一个对象的列表b的值被更新了，但是由于列表c是完全不同的对象，所以值并没有被更新。

4

流程控制语句

图解
Python
第4章这部分
是关键
key

尝试着改变一下程序的流程吧！

本章将会详细地介绍在实际编程中经常用到的**控制语句**。当想要按需求来改变流程的时候，就需要用到这些控制语句了。

原本程序需要像水流一样自上而下书写代码，但是，那样的方式只能实现简单且十分有限的操作。根据情况，我们会频繁遇到“重复同一个命令操作”“根据运算结果来判定是否终止执行命令”等需求。在这种时候就能体现出控制语句的重要性了。使用了这些语法就可以实现将程序的运行流程倒回、中止等操作。

首先介绍的是`if`语法。这个语法和英文中的“if”是一个意思，是“如果.....则……”这样的一个进行条件判别的逻辑语法。也就是说，可以设计当条件“成立”和“不成立”这两个分支状况下的程序。当然，通过使用多个if语法来达到设计两个以上的多分支流程也是可行的。

继 if 之后登场的就是 `for` 语句和 `while` 语句。这两者都属于处理“重复多次”这样的需求时所使用的循环语句。在 Python 之中，从列表等拥有多个数据的数据类型中依次抽取其中的值，只想要将命令重复执行特定的次数时需要用到循环的流程。

Python 会在表述**模块**这个可执行代码段的集合时，利用缩进的程度来识别其嵌套的范围。通过遵循 PEP8(Python Enhancement Proposal 8) 这样的一个 Python 的代码书写规范来提高程序对于使用者而言的易读性。

同时，在本章中还会介绍非常符合 Python 特点的记述方式——**推导式**。

使用了这些逻辑语法，就可以让计算机执行复杂的命令。但是，如果改变程序的流程会造成死循环（程序进入但出不来的循环之中）等问题，随着使用的逻辑语法的复杂化，书写出这样在流程上存在问题的程序的风险也逐步提高。所以，请务必在充分理解了每一个流程、逻辑语法的基础上，认真仔细地进行程序的编写工作。

if 的用法(1)

在控制语句中，if 与英文单词的“if（如果 ... 这 ...）”是同义。

什么是 if 语句?

if语句可以根据条件区分要执行的命令。在if所使用的条件中会利用到使用了比较运算符或者逻辑运算符的条件判别式。

True　False

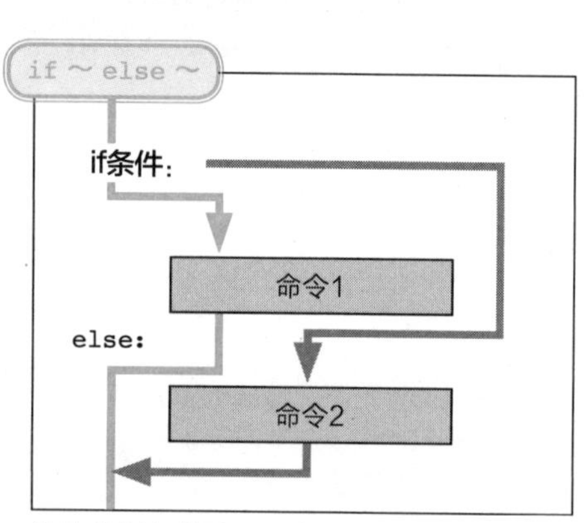

if ～ else ～
if条件:
命令1
else:
命令2

条件成立的时候(True)执行命令1，
条件不成立（False），则执行命令2。

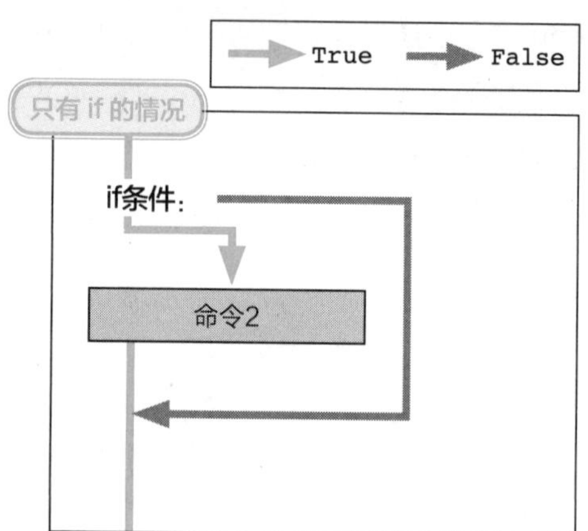

只有 if 的情况
if条件:
命令2

条件成立的时候(True)执行命令1，
条件不成立，则不做任何事。

例

```
a = 5
print(a, '是')
if a % 2 == 0:
    print('偶数。')
else:
    print('奇数。')
```

运行结果

5 是
奇数。

»模块

前页中所提到的“命令 1”“命令 2”……这些地方可以写入多个可执行命令。我们将这些命令的代码段称之为**模块**。在 Python 中，模块会用缩进的形式进行区分。

缩进
半角的一个字或者空格也是可以的，但是在Python的编程指南PEP8中推荐使用四个半角的空字节。

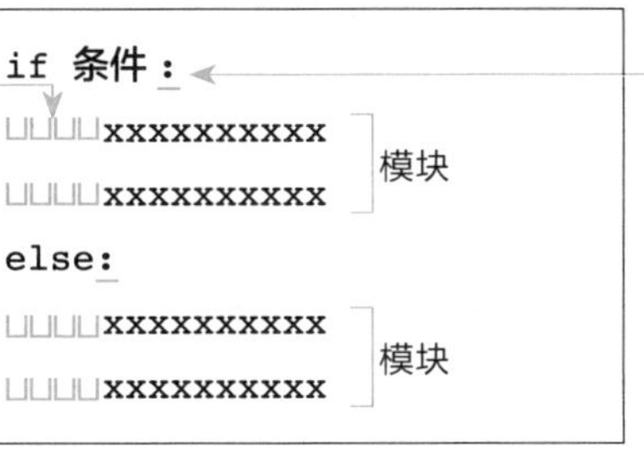

if 条件：
□□□□xxxxxxxxxx
□□□□xxxxxxxxxx
模块
else:
□□□□xxxxxxxxxx
□□□□xxxxxxxxxx
模块

在导入模块之前的代码（字头）的末尾，需要使用：（英文冒号）作为尾缀。

»在行的途中改行

Python 从原则上来说并不支持自由、任意的换行行为。但是，由于代码过长，无论如何都想要换行的话，可以通过在换行时加上“\”作为尾缀，以表示与下一行是连续的。同时，( )、[ ]、{ }等被括号框住的范围内的改行是被允许的。

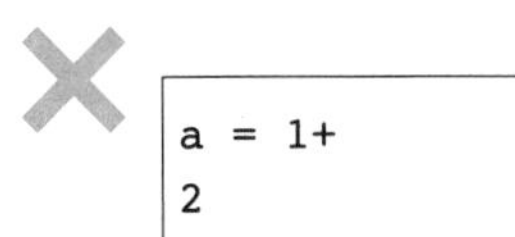

a = 1+
2

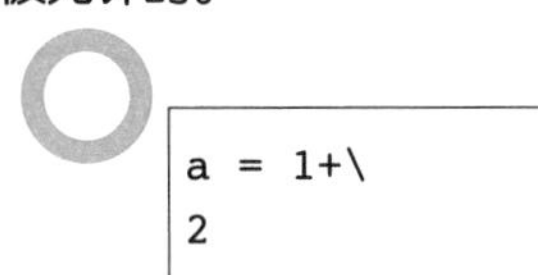

a = 1+\
2

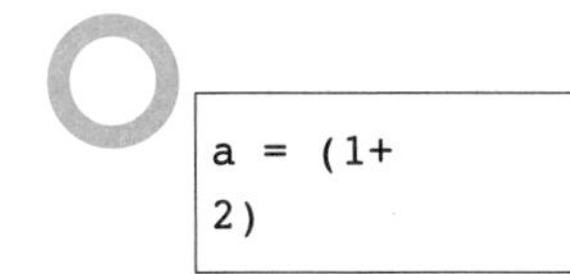

a = (1+
2)

例

```
s = 60
print('你的分数是', s, '分。')
if s < 70:
    print('距离平均分还有', 70 - s, '分。' )    模块
    print('加油。')
else:
    print('做的很不错哦！ ')    模块
```

运行结果

你的分数是 60 分。
距离平均分还有 10 分。
加油。

1 编程基础
2 运算符
3 列表
4 流程控制语句
5 函数
6 字符串
7 文件和例外处理
8 类和对象
9 附录

if 的用法(2)

也可以用 if 构筑更复杂的结构。

连续多个 if

想要通过判断数据符合多个条件中的哪一项而执行不同的命令，则可以依次使用if、elif、else这样的组合。

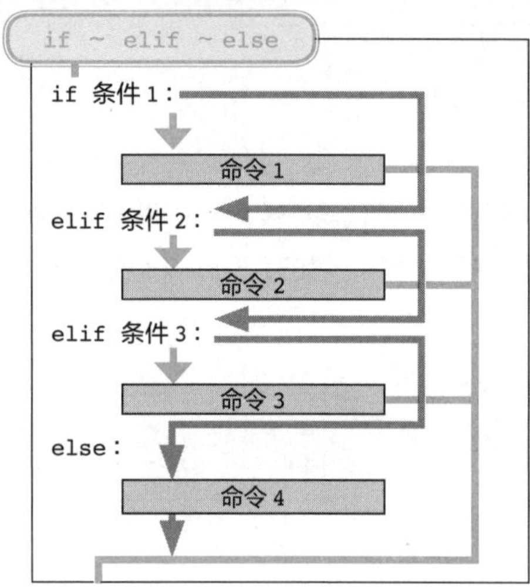

if ~ elif ~ else
if 条件1：
命令 1
elif 条件2：
命令 2
elif 条件3：
命令 3
else：
命令 4

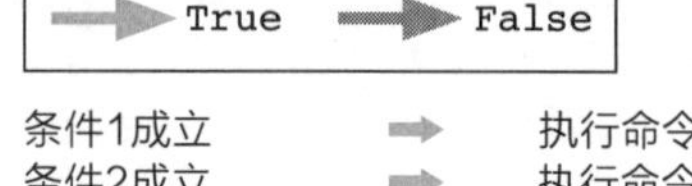

True
False

条件1成立 ➡ 执行命令1
条件2成立 ➡ 执行命令2
条件3成立 ➡ 执行命令3
所有条件都不成立 ➡ 执行命令4

实际上只有其中的一个命令被执行。

例

```
a = 1000
print(a, '是')
if 0 <= a & a <= 9:
    print('一位数。')
elif 10 <= a & a <= 99:
    print('二位数。')
elif 100 <= a & a <= 999:
    print('三位数。')
else:
    print('四位数以上的数。')
```

运行结果

```
1000 是
四位数以上的数。
```

嵌套中的 if 语句

在if语句相关的程序语法中，可以在命令的内部进一步嵌套语法，这种在语法中包含语法的方法称之为**嵌套**。

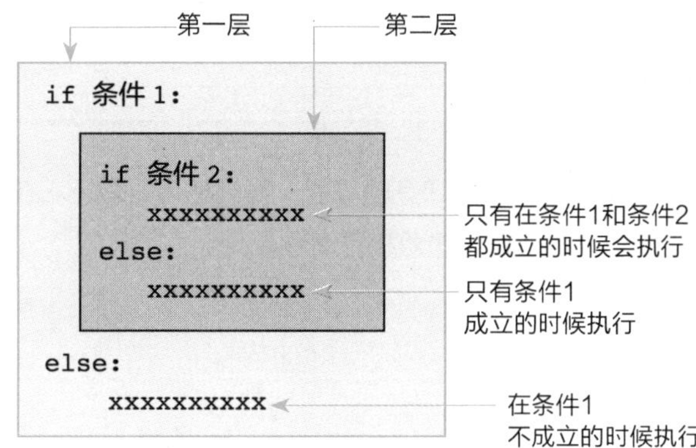

第一层
第二层
if 条件1:
if 条件2:
xxxxxxxxxx
else:
xxxxxxxxxx
else:
xxxxxxxxxx
只有在条件1和条件2
都成立的时候会执行
只有条件1
成立的时候执行
在条件1
不成立的时候执行

例

```
a = 90
if a > 80:
    if a == 100:
        print('是满分。' )
    else:
        print('还差一点。')
else:
    print('要加油啊。')
```

运行结果

还差一点。

根据条件成立时的判定，来嵌套if语句。

for 的用法(1)

在程序中，会经常需要多次运行同一种运算，这种时候就需要用到 for 语句。

什么是循环?

在编程中遇到的重复运行同一个命令的过程，我们称之为循环。在使用循环时，通常只会在其符合某一特定的条件时不停地重复执行命令。

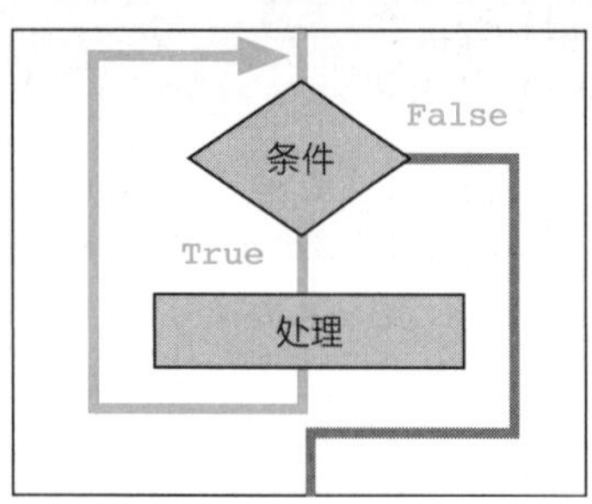
条件
False
True
处理

当数据不再符合条件时，会跳出循环。

利用 for 语句将列表中的值取出

在Python中，如果要从列表或者元组中去按顺序一个一个地取出值，需要用到for语句。只有被指定的列表中的元素才可以重复相同的动作。

例

```
w = ['星期一','星期二','星期三','星期四','星期五','星期六','星期天']
for wday in w:
    print(wday)
```

运行结果

```
星期一
星期二
星期三
星期四
星期五
星期六
星期天
```

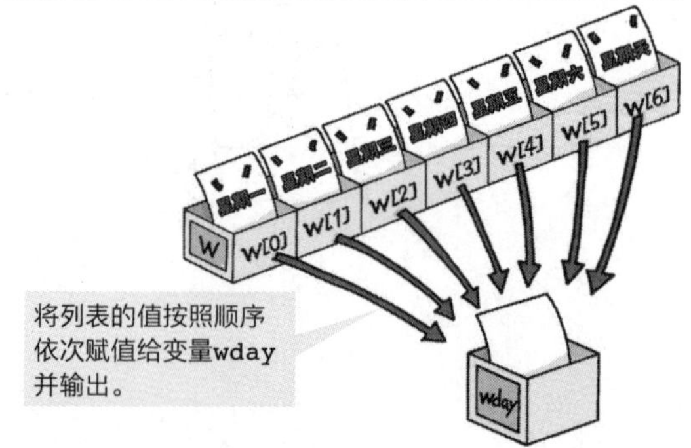
w
w[0]
w[1]
w[2]
w[3]
w[4]
w[5]
w[6]
wday

将列表的值按照顺序依次赋值给变量wday并输出。

通过对for语句追加else模块，可以指定在结束了循环之后所要执行的命令。

例

```
w = ['星期五','星期六','星期天']
for wday in w:
    print(wday)
else:
    print('是周末。')
```

运行结果

```
星期五
星期六
星期天
是周末。
```

利用 for 语句把字典中的内容提取出来

在字典中，我们同列表一样，可以使用for语句把字典中的键、值或者键和值提取出来。

例

```
we = {'星期五':'Fri','星期六':'Sat','星期天':'Sun'}
for keys in we:
    print(keys)
for value in we.values():
    print(value)
for item in we.items():
    print(item)
```

- for keys in we: ← 将字典直接记述在条件中，则默认获取键。
- for value in we.values(): ← 利用value()方式，可以只获得字典的值。
- for item in we.items(): ← 使用items()方式，则可以将字典的键和值的配对都获得。

运行结果

```
星期五
星期六
星期天
Fri
Sat
Sun
('星期五', 'Fri')
('星期六', 'Sat')
('星期天', 'Sun')
```

- 星期五～星期天：将键按顺序提取。
- Fri～Sun：将值按顺序提取。
- ('星期五', 'Fri')～('星期天', 'Sun')：将元素（键和值的配对）按顺序提取。

for 的用法(2)

可以使用 **range()** 来获得特定范围内的数值。

利用 range() 的操作

通过利用range()可以实现：即使不事前将值赋给某一变量，也能只将指定范围内的数值输出。

例

```
for a in range(7):
    print(a)
```

用来收纳值的变量名

range
会生成从零开始直到指定值的前一个为止的数。

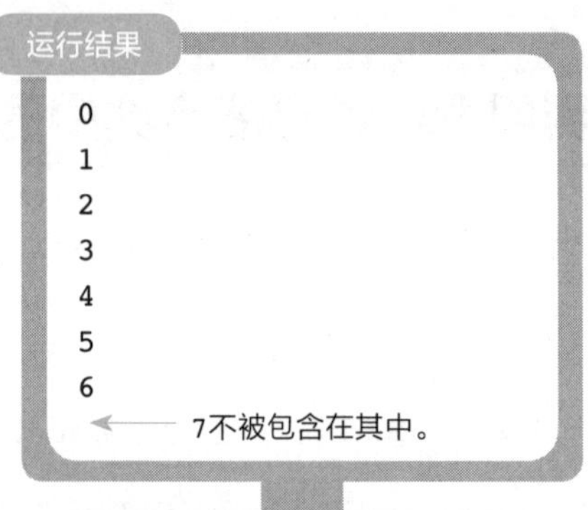

运行结果
0
1
2
3
4
5
6
7不被包含在其中。

也可以设定一些开始值、增量等参数，使其在特定的范围内提取数值。如果省略，默认会从0开始，并且默认的初始增量为1。

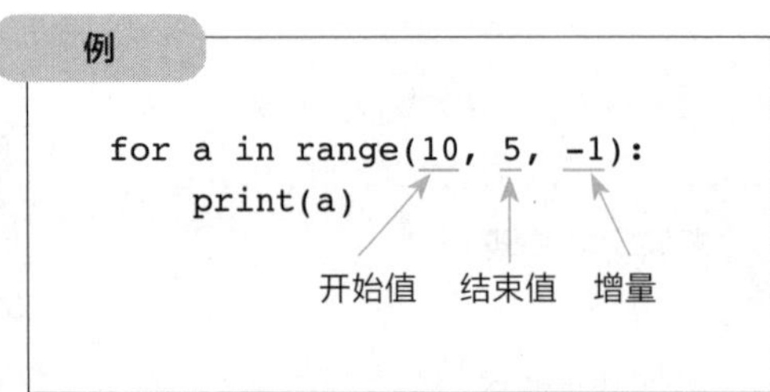

例

```
for a in range(10, 5, -1):
    print(a)
```

开始值　结束值　增量

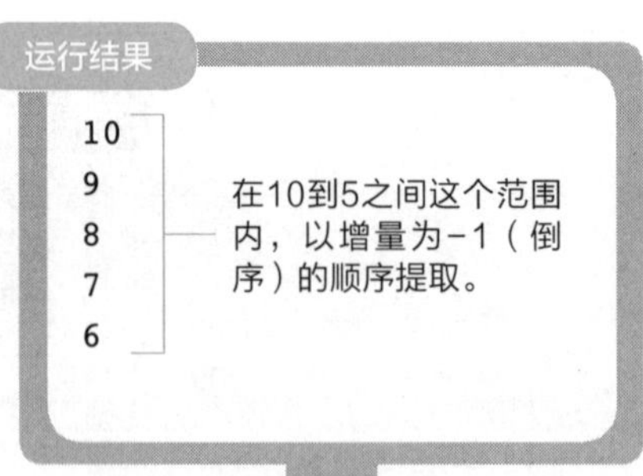

运行结果
10
9
8
7
6
在10到5之间这个范围内，以增量为-1（倒序）的顺序提取。

将增量设定为2的话，可以提取奇数或者偶数。

例

```
for a in range(20, 31, 2):
    print(a)
```

增量设定为2

运行结果

```
20
22
24
26
28
30
```

编程基础
运算符
列表
流程控制语句
函数
字符串
文件和例外处理
类和对象
附录

利用 range() 创建列表

也可以在list()中使用range()创建列表。

```
li = list(range(20,31,2))
```

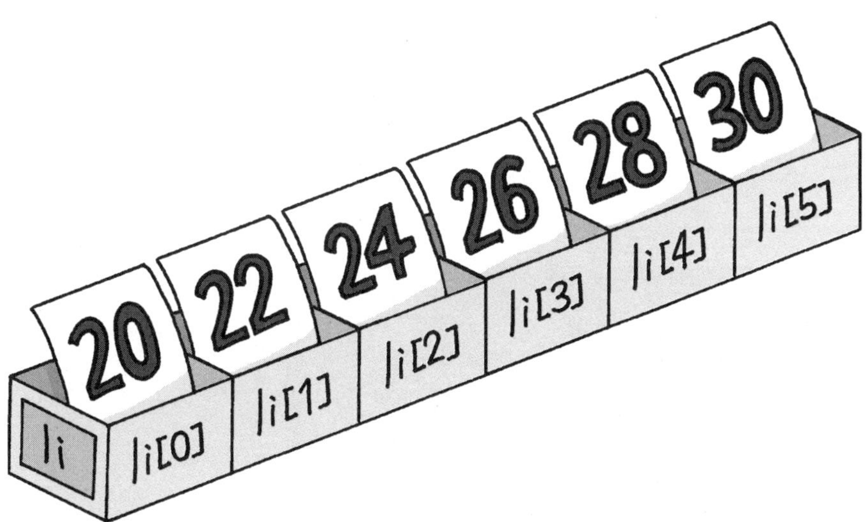

20
22
24
26
28
30
li
li[0]
li[1]
li[2]
li[3]
li[4]
li[5]

while 的用法

当需要放入循环的次数和范围并没有确定的情况下，需要使用 while 语句实现循环。

什么是 while 语句?

while语句是指仅当一定的条件成立时会维持循环状态的逻辑语句。和for语句不同，它会被使用在循环的次数并不明确的时候。

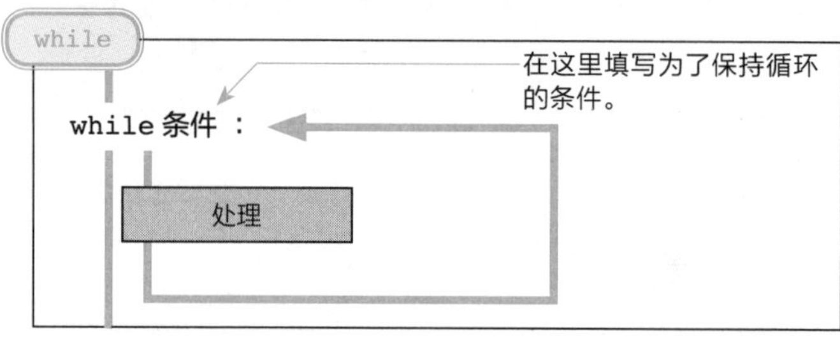
while
在这里填写为了保持循环的条件。
while 条件 ：
处理

只要数据符合条件，循环就一直持续。

例

```
a = 0
while a <= 5:    ← 这里填写为了保持循环的条件式。
    print(a)  ┐
    a += 1    ┘ 会被重复执行，直到a从0被加到5为止。
```

运行结果

```
0
1
2
3
4
5
```

在Python中没有其他语言中存在的do~while相对应的语句。

while ~ else

在while语句的循环结束后，所要执行的命令可以用else模块添加。如果在循环中使用了break指令（参考下一页），则else模块的命令不会被执行。

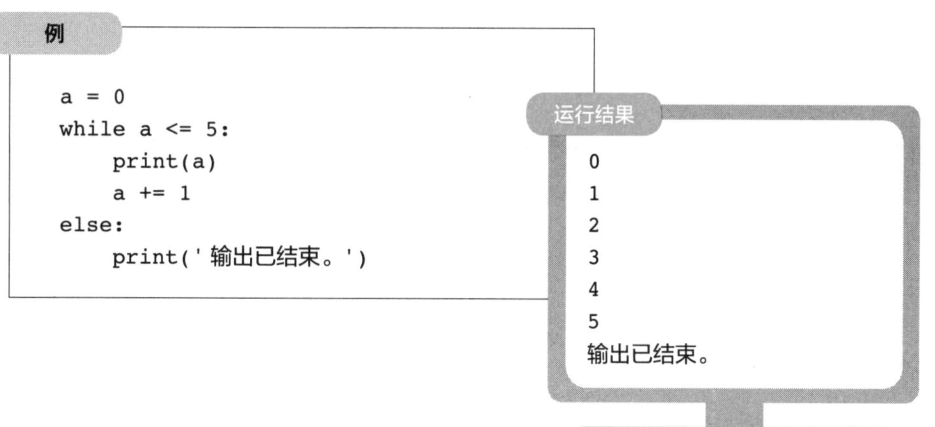

例

```
a = 0
while a <= 5:
    print(a)
    a += 1
else:
    print('输出已结束。')
```

运行结果

```
0
1
2
3
4
5
输出已结束。
```

注意死循环

在使用while语句这类循环语句的流程时，若错误地设定了一个恒成立的条件，就会使命令被永久地执行下去，这被称之为死循环，是程序错误的一种。

所以，为了避免死循环，请务必注意设定的条件和要进行循环处理的数据内容。

```
a = 0
while a < 5 :
    print(a)
```

注意

在这里并没有使用a+=1等命令让a的值增加。这样一来，a的值是个恒定不变的量，所以会陷入死循环。

如果一旦陷入了死循环，可以使用[Ctrl]+[C]来中止执行。

循环中断

本节将会介绍用在循环语句中，来改变流程的 break 和 continue 命令。

中断循环

想要中途停止while语句和for语句这类循环语句的话，需要使用**break**语句。在程序执行的过程中，如果遇到break语句，会自动跳到邻近模块的终点。break不能跳过多个模块。

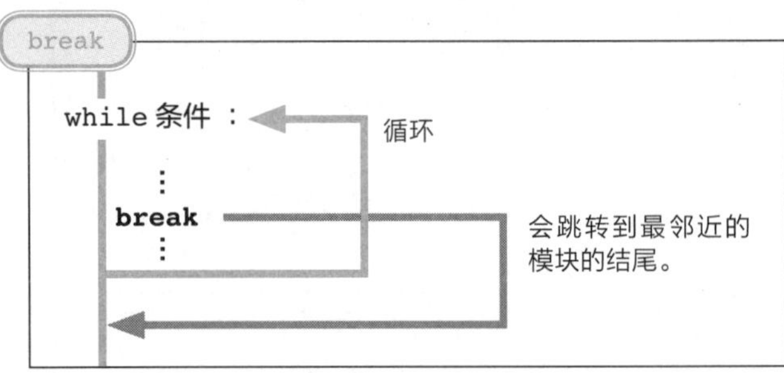
break
while 条件 ：
循环
break
会跳转到最邻近的
模块的结尾。

在中途进行了break的时候，for~else或者while~else的else模块是不会被执行的。

例

```
a = 0
b = 5
while a < 5:
    if (b - a) <= 0:
        break
    print(b - a)
    a += 1
```

b-a的值降到了0以下就终止循环。

运行结果

```
5
4
3
2
1
```

因为5-5等于0，所以跳出循环。

跳到下一次循环之中

与终止正在执行的循环的break语句相比，**continue**语句是只中断那一回的循环命令，从下一个循环开始依然能够从头执行。

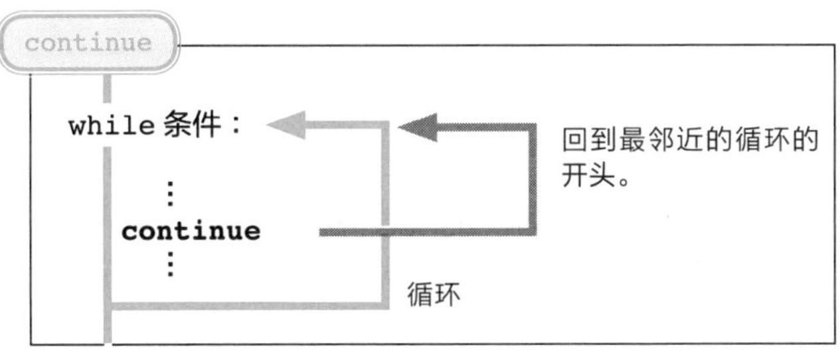
continue
while 条件：
⋮
continue
⋮
回到最邻近的循环的开头。
循环

例

```
li = [1, 3, 5, '七', 9]
for a in li:
    if type(a) == str:
        print(a, '不是数值，是字符串。')
        continue
    print(a)
```

变量a是字符串的情况下，会回到循环的开头。

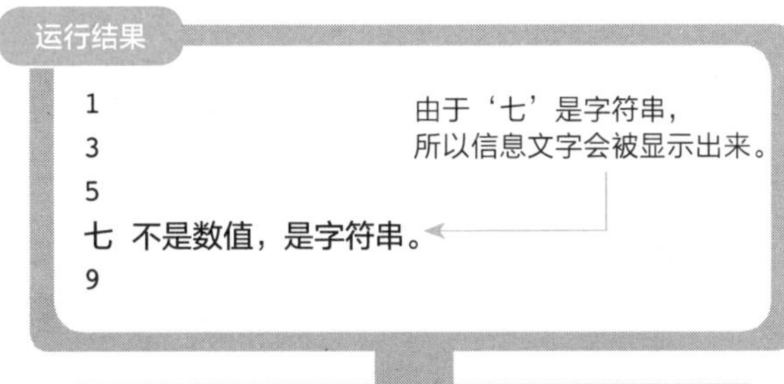
运行结果
1
3
5
七 不是数值，是字符串。
9
由于‘七’是字符串，
所以信息文字会被显示出来。

如果想要结束整个程序本身的话，需要使用quit()。

推导式(1)

本节我们学习关于列表的推导式。

列表的推导式

在Python中，可以使用for~in的结构将既存的列表中的值便捷地取出来。例如，如果要制作一个列表，其中各元素的值是a=[1,2,3,4,5]这样的列表的各元素的值的两倍的话，可以参考以下代码。

```
a = [1, 2, 3, 4, 5]
a_db = []
for x in a:
    a_db.append(x*2)
```

然后，这个代码可以被写成如下形式，这个形式的写法被称为**推导式**。在列表的推导式中，列表的各元素会被以此赋值到变量里，并执行该变量的运算命令后，再把结果作为列表的元素依次收纳其中。

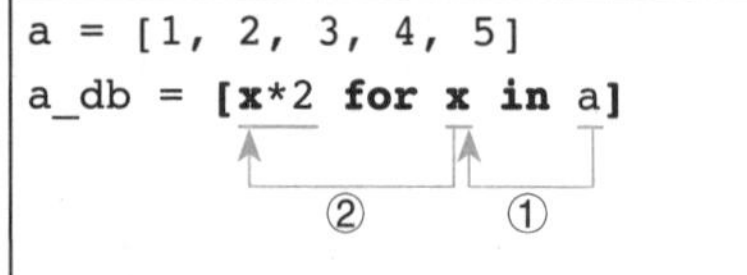

```
a = [1, 2, 3, 4, 5]
a_db = [x*2 for x in a]
```

②
①

①将列表a中取出的值赋值在变量X中。
②把执行运用了变量x的命令x*2的结果作为新创建的列表a_db的值纳入其中。

1
2
3
4
5
a
a[0]
a[1]
a[2]
a[3]
a[4]
2
4
6
8
10
a_db
a_db[0]
a_db[1]
a_db[2]
a_db[3]
a_db[4]

包含条件语句的列表推导式

我们可以向列表推导式中添加条件语句。在下述推导式中，将列表a中10以上的数值从列表中抽取出来，并且将抽取出来的数值扩大为原来的2倍后收纳在新创建的列表a_chk之中。

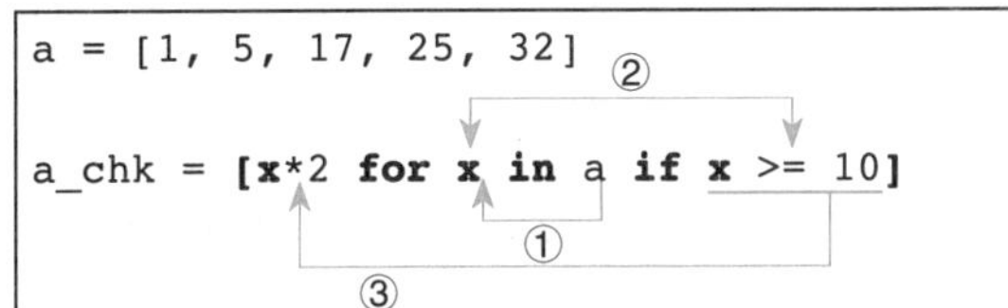

a = [1, 5, 17, 25, 32]
a_chk = [x*2 for x in a if x >= 10]
①
②
③

①将列表a中的所有值依次赋值给变量x。
②对变量x进行条件判别语句x>=10的判断筛选。
③根据变量x的情况执行运算命令x*2，并作为列表a_chk的值收纳其中。

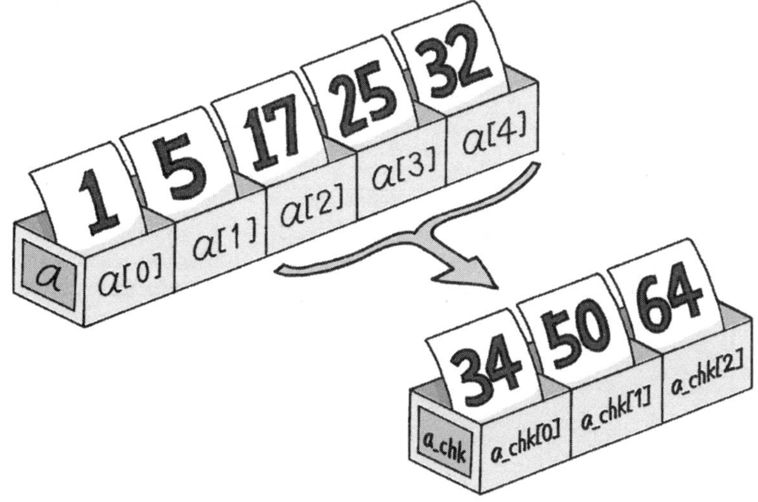

1
5
17
25
32
a
a[0]
a[1]
a[2]
a[3]
a[4]
34
50
64
a_chk
a_chk[0]
a_chk[1]
a_chk[2]

列表推导式写成公式的格式如下。

```
[ 式 for 变量 in 迭代式的对象 (if 条件式 )]
```

»迭代式（iterable）的对象

所谓迭代式，是指“可以将元素按照顺序取出”。像列表、字符串、元组、字典等就具有这样的性质。推导式是从迭代式的对象中构造出新的数据的一种方式。

作为关联性话题，也请参照第五章的生成器和第六章的finditer()。

推导式(2)

不仅是列表，字典和集合也可以使用推导式。

字典推导式

字典推导式基本上跟列表推导式是相同的，返回值是[键：值]这样的配对数据。在下面的代码中，将字符串从列表中抽出作为字典的键来使用，然后再将与键配对的值从1~100的数里随机生成。

例

```
from random import randint
keys = ['草莓', 9, '橘子', 25, '苹果']

d = { x:randint(1, 100) for x in keys if type(x) == str}

print(d)
```

将模块载入，使生成随机数的函数变得可用。
*关于import，请参照第六章。

①将从列表keys取得的值赋值到变量x中。
②对变量x进行条件语句type(x)==str的判定，用以确认是否是字符串。
③将符合条件的值作为字典d的键收纳。
④将与键对应的值用randint()自动生成，并作为字典d的值存储其中。

运行结果

```
{'草莓': 66, '橘子': 40, '苹果': 38}
```

字典推导式写成公式的格式如下。

```
{ 键：值 for 变量 in  迭代式的对象 (if 条件语句 )}
```

集合推导式

集合推导式也和列表相同，在书写格式上的区别就是[]变成了{}。在下面的代码中，利用条件语句将列表a中大于0且不大于10的数值取出，并生成setA。

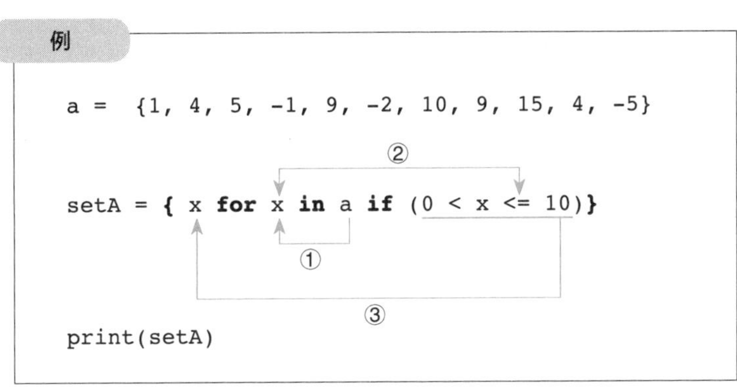

例

```
a =  {1, 4, 5, -1, 9, -2, 10, 9, 15, 4, -5}

setA = { x for x in a if (0 < x <= 10)}

print(setA)
```


①
②
③

①将从列表a取出的值赋值给变量x。
②对变量x进行条件语句0<x<=10的判断，并确认是否是大于0并且不大于10的数。
③将符合条件的值作为集合setA的值收纳在集合中。

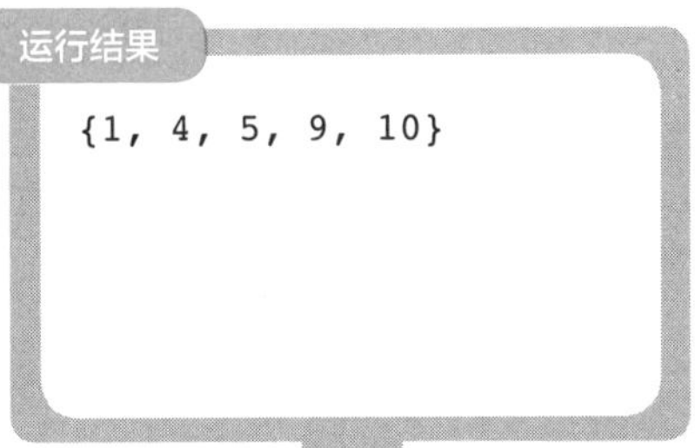

运行结果
{1, 4, 5, 9, 10}

因为是集合，所以可以无视掉那些重复的符合条件的数值。

集合推导式写成公式的格式如下。

```
{ 式 for 变量 in 迭代式的对象 (if 条件语句 )}
```

样本程序

●编写一个抽签游戏

用户输入1～10中的5个数字，与系统随机抽取的中选号码进行比对，并显示中选数字。

源代码

```
from random import randint

user_numbers = []
lucky_numbers = []

print(' ●请输入 1 ～ 10 中的 5 个数字。')

# 选择参加抽选用的数字
while 0 <= len(user_numbers) < 5 :
    input_numbers = input('> ')

    try:
        a = int(input_numbers)
    except:
        print(' 输入错误，请重新输入。')
        continue

    if 0 > a or a > 10:
        print(' 请输入 1 ～ 10 之间的数字。')
        continue
    elif a in user_numbers:
        print( 请输入 user_numbers, ' 之外的数字。')
        continue
    user_numbers.append(a)
print(' 你选择的数字是 ', user_numbers,'。/n')

# 选择中选数字
print(' 现在开始抽选。')
while 0 <= len(lucky_numbers) < 5 :
    b = randint(1,10)
    if b not in lucky_numbers:
        lucky_numbers.append(b)
    else: # 避免选出相同数字
        continue
print(lucky_numbers,'/n')
```

注释：
- from random import randint：导入可以随机生成数值的randict( )模块。
- while 0 <= len(user_numbers) < 5 :：到用户全部输入5个数值为止，一直循环。值保存在列表里。
- try … continue：输入数字之外的值时，进行例外处理（参考第7章）。
- if 0 > a or a > 10: … user_numbers.append(a)：输入指定范围外的数字或是输入已有的数字时，将会重新输入。
- randint(1,10)：从1～10之间选择随机数。

```
# 对比参加抽选的数字与中选数字
userset = set(user_numbers)
luckyset = set(lucky_numbers)
winset = userset.intersection(luckyset)
print('中选数字是',winset)
print('中选数字个数是',len(winset),'个。')
```

将用户输入数字与中选数字转换为集合，仅取出重复的数值。

运行结果

```
●请输入 1 ~ 10 中的 5 个数字。
> 1
> 11
请输入 1 ~ 10 之间的数字。
> aaa
输入错误，请重新输入。
> 2
> 3
> 8
> 10
你选择的数字是 [1, 2, 3, 8, 10]。

现在开始抽选。
[7, 10, 8, 3, 2]

中选数字是 {8, 10, 2, 3}
中选数字个数是 4 个。
```

※粗体字是用户输入的字符

COLUMN

~ None ~

在Python里，有一个叫做None的特殊值。它是表示“值不存在”的值，和0、False、空列表等是不同的一种类型。None是可以设定为NoneType型的唯一的值。

None用于在设定函数的默认参数（参考第5章）时作为默认值。

请看下列代码。函数append1( )和append2( )均为这样的函数：在参数指定的列表中，生成在末尾添加特定字符串的列表。在不确定参数时，设为在末尾添加一个空的列表。运行时，默认参数设定为空的列表，或者设定为None，结果将出现如下所示的不同。这是为什么呢？

```
def append1(a = []):  ← 默认参数设为空列表
    a.append('A')
    return a
print(append1())
print(append1())

def append2(a = None):  ← 默认参数设为None
    if a is None:
        a = []
    a.append('X')
    return a
print(append2())
print(append2())
```

运行结果

```
['A']
['A', 'A']
['X']
['X']
```

这是因为，在Python中的默认参数读取模块（程序代码）时，只允许评价一次。在函数append1( )中，由于默认参数设定为空列表，第一次运行append1( )时会生成一个空列表(Object)，之后每次运行append1( )时都会使用该空列表。与此相反，在函数append2( )中，由于默认参数设定为None，因此无法使用空列表，这之后使用if函数来生成一个新的列表。

此外，判定是否为None时不使用==或者!=，而使用is或者is not。同时，None值在逻辑运算中被看作False。

5

函数

shiori( )

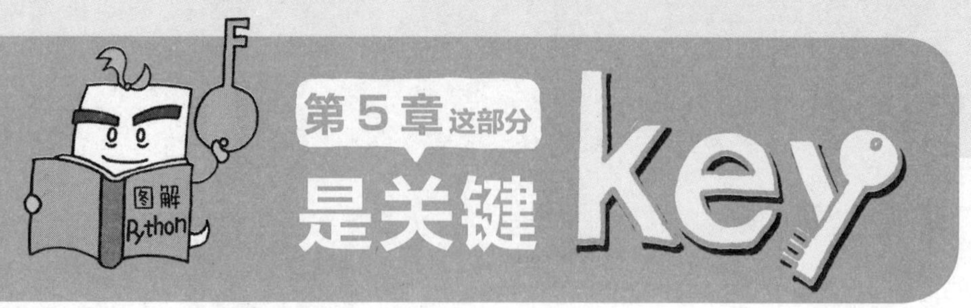
第5章这部分
是关键
key
图解
Python

试着生成函数

在第五章，会介绍Python程序中函数的生成方式。就如在第一章所提到的，函数是“一系列命令的集合”，我们可以通过调用函数来自动执行某一系列命令。虽然经常性地出现于文章中的`print()`是被录入在Python的标准库中的函数，但是，程序员亦可创建自己的函数。

如果想要定义函数，则需要以“`def 函数名():`”的格式为开头编写代码。在这之下的一个模块就是一个函数的范围。Python的模块就如前文中提到的，是根据缩进的等级来进行区分的。同时，对于函数也需要设定参数，函数可以根据参数的值来执行各种指令。在Python中，可以通过使用列表或者元组来灵活指定参数。同时，也可以将函数运行的结果作为返回值返回。

函数可以多次调用。所以，如果设计出出色的函数，那么在编写复杂的程序时可以将行文简洁地记述出来。

变量的有效范围

在Python中，我们不需要声明就可以定义变量。所以，变量在值被代入到变量中的时候就已经处于可以被使用的状态。如果在利用变量时不往变量中代入任何值，会出现NameError的错误。

就如以往所使用的那样，在函数模块之外被赋值了的变量可以在程序的全域范围内调用。与此同时，如果是在函数中被赋值的变量，基本上只能在函数内被调用，这种变量的调用范围被称为变量范围。

使用一个容易理解的变量名虽然很重要，但充分正确地理解变量范围也是必要的。

发生器

发生器的构造和函数十分相似，作为进阶的学习内容，我们也会介绍“发生器”相关的内容。将相同的参数代入到相同函数中会返回相同的值，生成器则会根据调用的次数的变化改变返回值。例如，在本书中介绍的生成器的返回值会随着被调用的次数按0、1、2……的方式变化。同时，也会介绍从Python2.5开始可以使用的、将生成器的返回值输送出去的方法。

如果能熟练掌握和使用函数，则可以有效提高编码水平，所以，请各位读者熟练掌握这部分内容。

shiori()

函数的定义

函数的解析以及定义方法。

所谓函数?

函数就是对程序给出的值按照既定的处理指令执行命令并将结果返回的黑箱。其中函数所处理的值被称为参数、函数所返回的结果的值被称为返回值。

add()
得到两个整数值的和的函数

函数名的命名要考虑函数的特征，起一个与其特征相符的名字会有助于记忆。

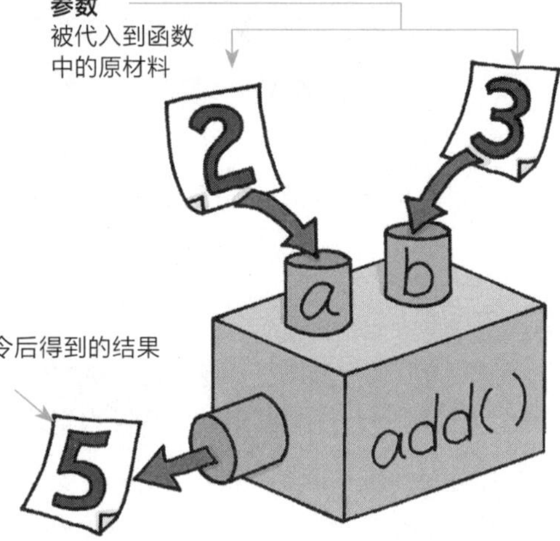
参数
被代入到函数中的原材料
2
3
a
b
返回值
在执行命令后得到的结果的值
5
add()

函数的定义

将上文中的函数按Python的方式记述，则会变为如下格式。像这样将函数的功能记述出来的方式被称为定义函数。

```
def add(a, b):
    x = a + b
    return x
```

- 定义一个函数需要以def开头。
- **函数名** 在函数名中可以使用半角英文数字和“_(下划线)”，但是不可以使用以半角数字开始的名字。
- **参数(伪参数)** 从调用源赋值的变量成为伪参数。
- 需要加上冒号。
- 在这里记述必要的命令行。
- **返回值**
- **return** 将函数定义的部分结束，并将返回值返回。
- 有缩进的行是函数的定义范围。

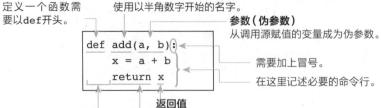

参数在不必要的时候可以省略。

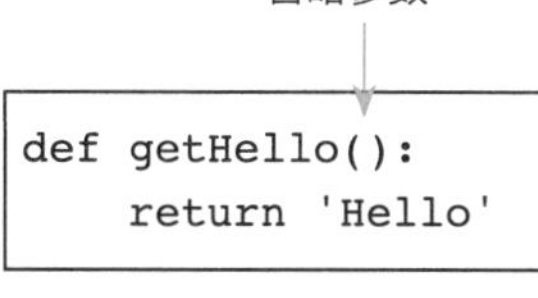
省略参数

```
def getHello():
    return 'Hello'
```

()不可以省略。

Hello
getHello()

不需要返回值时，可以省略return行段。

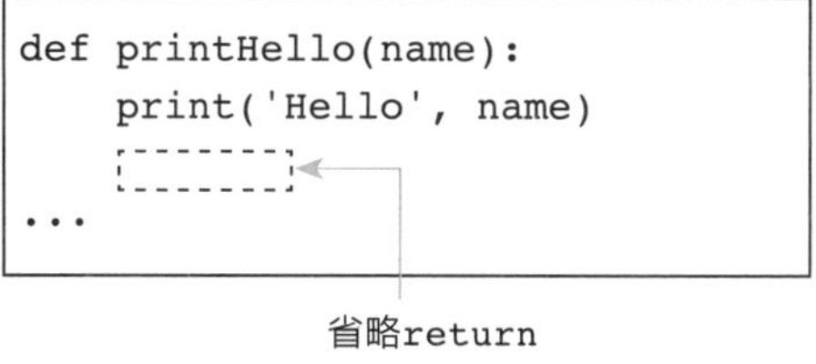
省略return

```
def printHello(name):
    print('Hello', name)

...
```

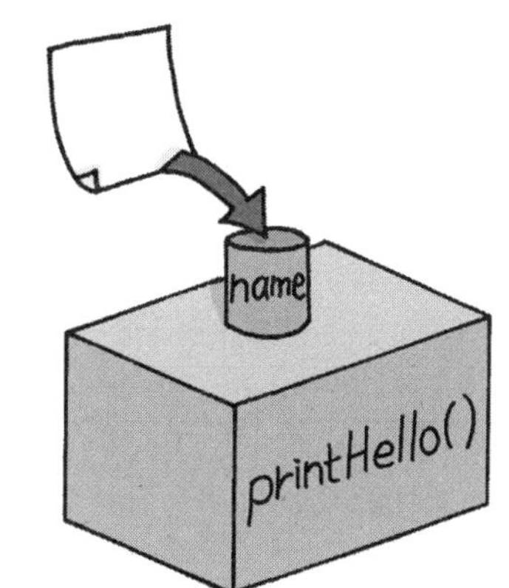
name
printHello()

如果要做一个什么命令都不执行的函数，则用pass。

```
def nowork():
    pass
```

在函数中存在pass命令，则整个函数的内容都将变得无效。

shiori()

函数的调用

让我们一起学习将定义好的函数调用并执行的方法。

调用的基本形式（位置参数）

函数可以用如下的方式调用。在调用时使用的参数被称为**实参**，从原则上说要引入和定义时所指定的参数个数一样的数量。

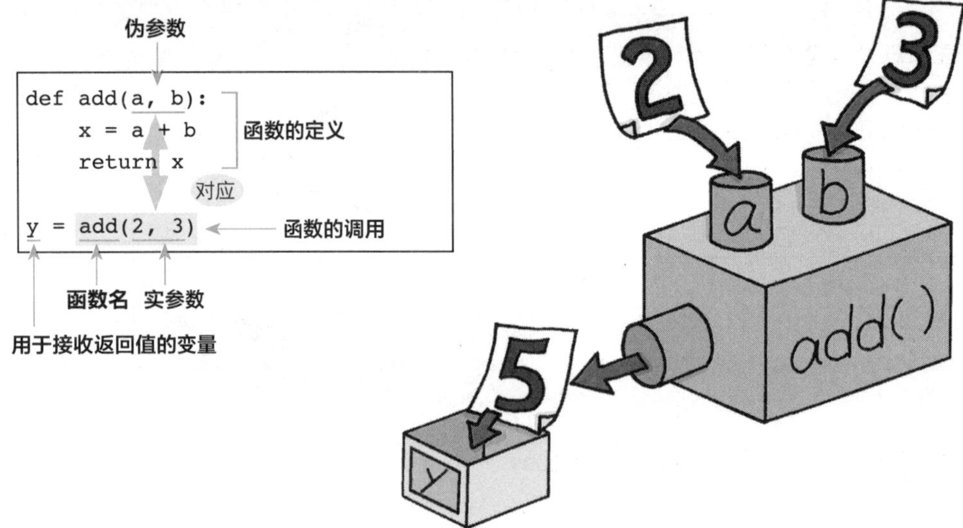
伪参数
def add(a, b):
    x = a + b
    return x
函数的定义
对应
y = add(2, 3)
函数的调用
函数名
实参数
用于接收返回值的变量
2
3
a
b
add()
5
y

如果是不具备参数的函数，则是以下格式。

def getHello():
    return 'Hello'
函数的定义
s = getHello()
函数的调用
函数名
getHello()
'Hello'
s

使用了关键字的参数指定（关键参数）

可以通过使用伪参数的名字来指定其对应的实参。

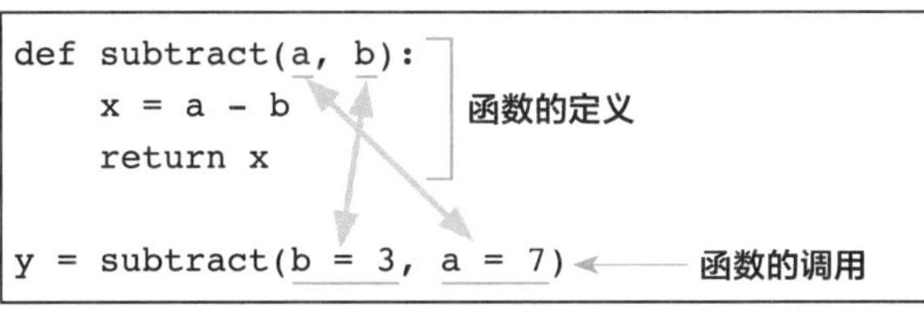

```
def subtract(a, b):
    x = a - b
    return x

y = subtract(b = 3, a = 7)
```


函数的定义
函数的调用

实参的顺序不需要与伪参数一致。

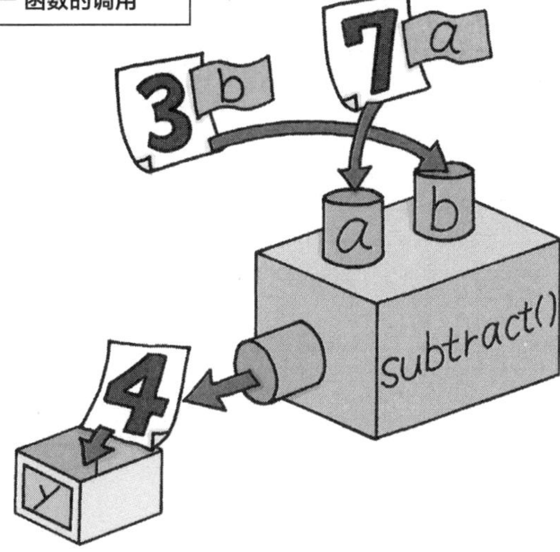

3
b
7
a
a
b
subtract()
4
y


```
def calc(calctype, a, b, c):
    if calctype == '和':
       x = a + b + c
       s = '{}+{}+{}={}'.format(a, b, c, x)
    elif calctype == '积':
       x = a * b * c
       s = '{}*{}*{}={}'.format(a, b, c, x)
    else:
       s = '???'
    return calctype + ':' + s

print( calc('和', a=5, b=8, c=3) )
print( calc('积', a=5, b=8, c=3) )
print( calc('差', a=5, b=8, c=3) )
```

最初的参数用位置，其余的参数用关键字来指定。

运行结果

```
和:5+8+3=16
积:5*8*3=120
差:???
```

shiori()

参数的全局调用

介绍利用元组或者字典的特点实现参数的全局调用。

将参数赋值到元组中的方法

在伪参数前面添加*就可以使参数被赋值到元组中。

```
def avg(*args):
    sum = 0
    for n in args:
        sum += n
    return sum / len(args)

print( '平均：', avg(1,3,5,7) )
```

args会变成一个元组。

1
3
5
7
args
args [0]
args [1]
args [2]
args [3]

顺便说一下，这个avg函数可以通过利用数学函数中的sum()更简洁地书写。

```
def avg(*args):
    return sum(args) / len(args)
```

运行结果

```
平均： 4.0
```

在数学函数中存在一种被称之为mean()的函数，是可以直接求得平均值的函数。

使用字典接收参数的方法

》将关键参数作为字典接收

在伪参数之前加上**就可以将关键参数作为字典来接收。

```
def printDic(**args):
    for s, t in args.items():
        print( s, ':', t )

printDic(a=20, b=30, c=50)
```

args会变成一个字典。

a 20
b 30
c 50
20 30 50
args
'a'
'b'
'c'

运行结果

```
a : 20
b : 30
c : 50
```

》将字典展开并接收

将参数作为字典传递，若想将传递出去的字典在函数侧展开后接收参数的话，需要在调用侧的参数前添加 **。

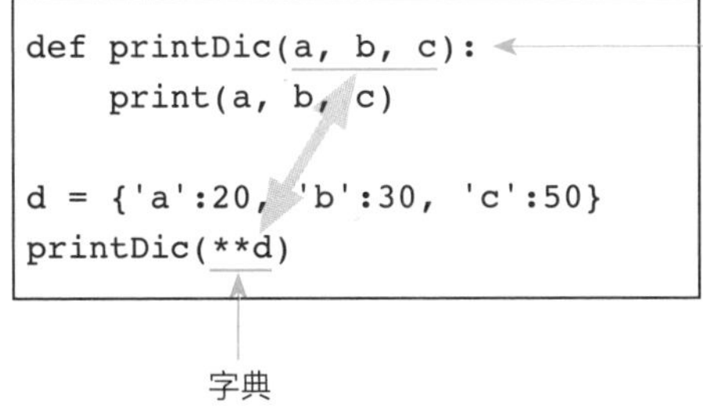

```
def printDic(a, b, c):
    print(a, b, c)

d = {'a':20, 'b':30, 'c':50}
printDic(**d)
```

字典会被展开到a、b、c上。

字典

20 30 50
d
'a'
'b'
'c'
c 50
b 30
a 20
a
b
c

运行结果

```
20 30 50
```

shiori()

函数的使用技巧

一起了解默认函数、函数对象、函数的嵌套相关的知识吧。

默认函数

可以给参数规定一个默认值的函数，指定了默认值的函数在被调用时，参数可以省略。

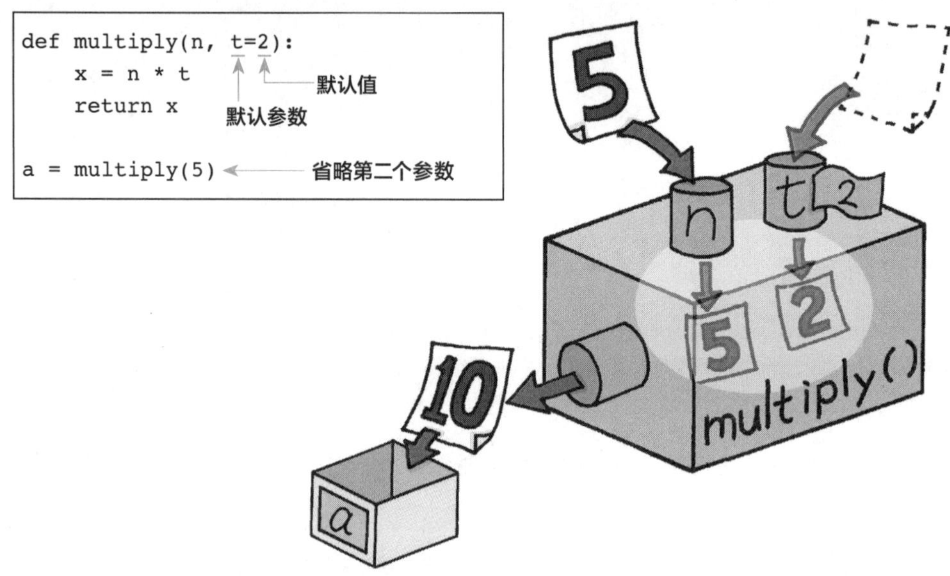

def multiply(n, t=2):
    x = n * t
    return x
默认值
默认参数
a = multiply(5)
省略第二个参数
5
n
t
2
5
2
10
multiply()
a

默认参数可以从右侧的参数开始设置多个，但是不可以将中间的某个参数作为默认参数。

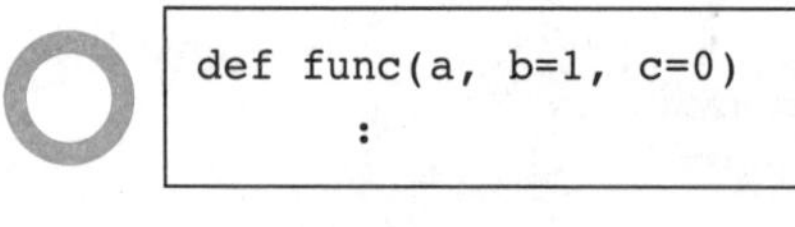

def func(a, b=1, c=0)
    :

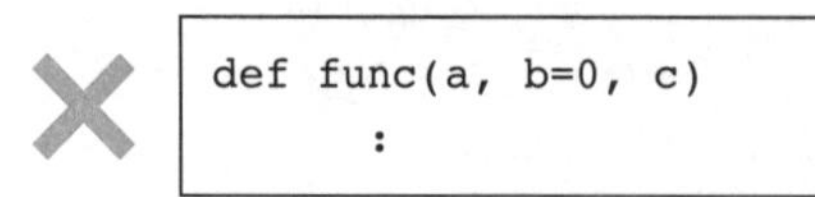

def func(a, b=0, c)
    :

函数对象

在函数名的末尾不添加()，只写名称的格式所表示的是函数本身。我们将其称之为**函数对象**，可以像值一样将其代入到变量中去。

```
def printHello(name):
    print('Hello', name)

func = printHello
func('Shiori')
```

函数的定义

将函数printHello代入到func

func可以作为函数使用

运行结果

```
Hello Shiori
```

函数的嵌套

我们可以定义函数中的函数。内部的函数被称为**本地函数**，只可以在特定的函数中被使用的函数都可以被认为是本地函数。

```
def funcA():
    def funcB():
        print( 'B' )
    print( 'A' )
    funcB()
funcA()
```

外部的函数的定义

内部的函数的定义

内部函数的调用

外部函数的调用

在这个位置是没有办法调用funcB()的。

shiori()

无名函数

正确理解无名函数的定义和使用方法。

什么是无名函数

如果是进行一些简单的处理的函数，可以使用关键字“**lambda**”来记述，这种写法可以被称作**无名函数**（lambda函数）。

将字符串变成小写的函数

```
def lo(s):
    return s.lower()
```

```
lo = lambda s : s.lower()
```

参数　返回值

注意lambda的拼写。

调用

```
print( lo('HELLO') )
```

运行结果

```
hello
```

回调函数和无名函数

函数可以将别的函数作为参数使用，被作为参数使用的函数被称为**回调函数**。

对 a、b 进行某种运算，并显示其结果的函数

```
def calcdisp(a, b, callback):
    print( callback(a, b) )
```

（callback：回调函数）

回调函数的优点是可以在调用的时候决定其处理的内容。不过，这样就需要定义一个只针对这一目的的特殊函数。所以，这个时候使用无名函数的话，可以简化这个记述过程。

funcPlus()函数只会在调用calcdisp()函数的时候会被使用。

调用

```
def funcPlus(a, b):
    return a + b

calcdisp(3, 5, funcPlus)
```

（def funcPlus…return a + b：将处理的内容用函数定义；funcPlus：将函数作为参数使用）

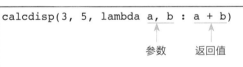

```
calcdisp(3, 5, lambda a, b : a + b)
```

（a, b：参数；a + b：返回值）

可以写在一行之内。

运行结果

8

变量范围

变量的有效取值范围被称为变量范围。

本地变量和全局变量

在函数内部使用的变量为本地变量，本地变量只在函数内部有效。与之相对，在函数外部使用的变量为全局变量，全局变量可以在任意函数中调用。

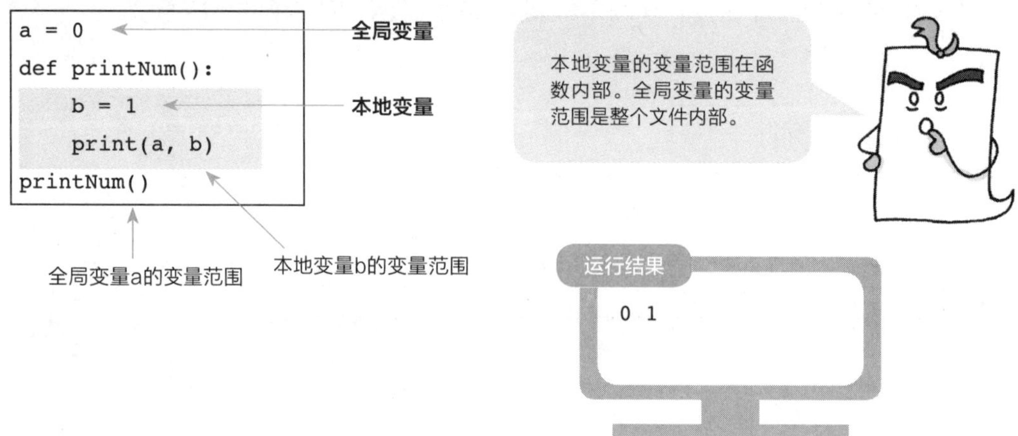
a = 0
def printNum():
    b = 1
    print(a, b)
printNum()
全局变量
本地变量
全局变量a的变量范围
本地变量b的变量范围
本地变量的变量范围在函数内部。全局变量的变量范围是整个文件内部。
运行结果
0 1

在函数被用于嵌套中时，只在其每一单次的函数调用内有效。

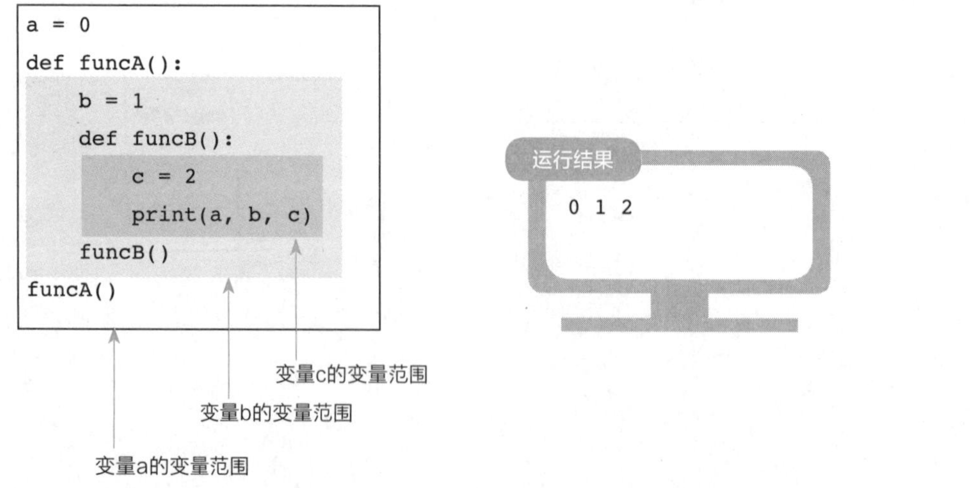
a = 0
def funcA():
    b = 1
    def funcB():
        c = 2
        print(a, b, c)
    funcB()
funcA()
变量c的变量范围
变量b的变量范围
变量a的变量范围
运行结果
0 1 2

非本地变量的更改

在函数中想要改变其外部的变量的时候需要注意几个要素，像下图那样简单地记述代入命令是无法改变外部变量的。

```
a = 0
def funcA():
    a = 1
    b = 1
    def funcB():
        b = 2
        c = 2
        print(a, b, c)
    funcB()
    print(b)
funcA()
print(a)
```

别的变量

funcA()的本地变量

funcB()的本地变量

还是原来的1

还是原来的0

如果将数值直接代入的话，会变成全新的本地函数。

运行结果

```
1 2 2
1
0
```

如果想要更改函数外部的变量的话，需要使用**global**或者**nonlocal**命令来声明变量并非本地变量。

```
a = 0
def funcA():
    global a
    a = 1
    b = 1
    def funcB():
        nonlocal b
        b = 2
        c = 2
        print(a, b, c)
    funcB()
    print(b)
funcA()
print(a)
```

声明这个变量是全局变量

声明这个变量不是本地变量

运行结果

```
1 2 2
2
1
```

shiori()

生成器（generator）

让我们一起了解生成器的原理和运作方式吧！

什么是生成器？

生成器是函数的一种。通常，函数只会返回固定的数值，但是如果使用了生成器，便会随着调用次数的不同，返回不同的数值。

如果想要使用生成器的话，需要以下几个步骤：1.需要定义生成器函数；2.需要调用生成器函数并且初始化；3.将生成器对象作为参数调用next()函数。下文是以0、1、2、3、4的数值作为顺序输出的范例。

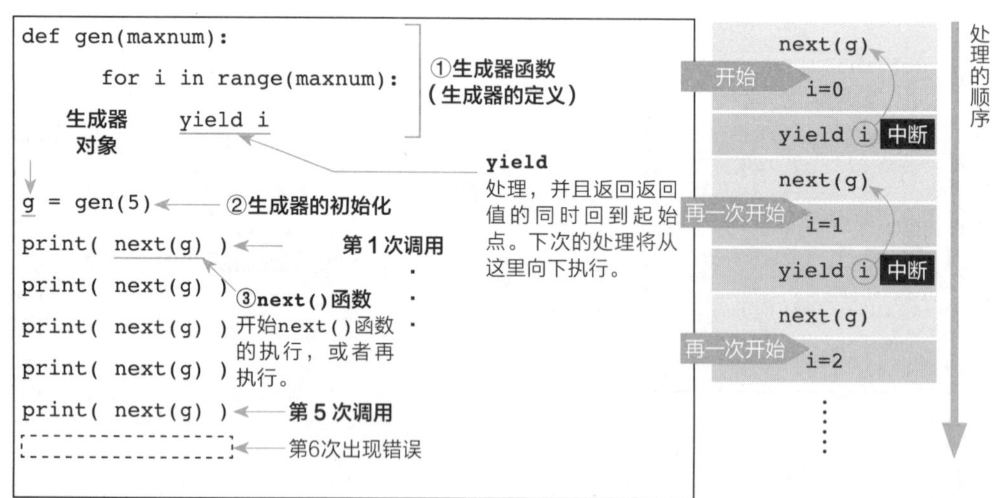
def gen(maxnum):
for i in range(maxnum):
yield i
①生成器函数
（生成器的定义）
生成器
对象
yield
处理，并且返回返回值的同时回到起始点。下次的处理将从这里向下执行。
g = gen(5)
②生成器的初始化
print(next(g))
第1次调用
print(next(g))
③next()函数
开始next()函数的执行，或者再执行。
print(next(g))
print(next(g))
print(next(g))
第5次调用
第6次出现错误
next(g)
开始
i=0
yield i 中断
next(g)
再一次开始
i=1
yield i 中断
next(g)
再一次开始
i=2
处理的顺序

使用了生成器推导式的书写格式

前一页所提到的生成器的定义和初始化可以通过利用推导式将其记述成如下简洁形式，这个形式就是生成器推导式。

```
g = (x for x in range(5))
```

如果是记述成以下的格式，t将不再是生成器，而是[0，1，2，3，4]这样的一个列表。

```
t = [x for x in range(5)]
```

值的传递

生成器除了可以被生成，也可以通过使用send()这个方法将值传递出去。

例

```
def gen(maxnum):
    base = 0
    i = 0
    while i < maxnum:
        o = (yield base + i)

        if o is not None:
            base = o
        else:
            i += 1

g = gen(10)
print( next(g) )
print( next(g) )
g.send(10)
print( next(g) )
print( next(g) )
g.send(0)
print( next(g) )
print( next(g) )
print( next(g) )
```

next()或者send()被调用的时候，会从这一行开始执行代码，实现如下操作：
next()的时候执行[yield base + i]
send()的时候执行[o= 被传递出来的值]
o会不会是空值，可以通过next()和send()来判断。

send()的时候执行

next()的时候执行

send() 方法
向生成器输送值。
将值输出后会再次执行程序。

运行结果

```
0
1
12
13
4
5
6
```

next(g)
开始 base=0 i=0
yield base + i 中断
next(g)
再一次开始 i += 1
yield base + i 中断
g.send(10)
再一次开始 o = (yield base + i)
base = o
yield base + i 中断
next(g)
……

样本程序

●显示日历

指定公历年份和月份，并显示相应的日历。

源代码

```
# 天数的获取
def getMonthDays(y, m):
    if m in {1, 3, 5, 7, 8, 10, 12}:
        return 31
    elif m in {4, 6, 9, 11}:
        return 30
    elif m == 2:
        if y % 4 == 0 and y % 100 != 0 or y % 400 == 0:
            return 29
        else:
            return 28
    else:
        return 0

# 星期的获取
def getWeekDay(y, m, d):
    if m == 1 or m == 2:
        y -= 1
        m += 12
    # 利用蔡勒公式计算对应的星期
    w = (y + y // 4 - y // 100 + y // 400 + (13 * m + 8) // 5 + d) % 7
    return w

# 显示日历
def printCalendar(y, m, d):
     # 显示日历的表格
    weekdays = ('星期天', '星期一', '星期二', '星期三', '星期四', '星期五',
'星期六') # 星期的返回值

    w = getWeekDay(y, m, 1)    ← 取得每个月第一天的星期值，并判断
                                  是否需要在月份开头处适当留白。

    print('公立{}年{}月'.format(y, m))
    print('(该月第一天的星期：{}，天数：{})'.format(weekdays[w], days))
    print('-' * 50)
    for wd in weekdays:
        print('   ' + wd, end='')
    print()      ↑ 留三个半角空格
    print('-' * 50)
```

```
    # 显示第一周开头部分的留白
    print('       ' * w, end='')
                        留七个半角空格
    # 将日期按顺序显示
    for day in range(d) :
        if (w % 7 == 0) and (w >= 7):   到右端（也就是星期六=7）后折回。
            print()
        print('{:5d}'.format(day+1), end='  ')
        w += 1                          留两个半角空格
                                        用右对齐的五位数来显示指定的值。
    print()

#执行程序
year = 2018
month = 2        指定想要显示的年份和月份。
days = getMonthDays(year, month)
printCalendar(year, month, days)
```

运行结果

```
公立 2018 年 2 月
（该月第一天的星期：星期四，天数：28）
-----------------------------------------------
  星期天 星期一 星期二 星期三 星期四 星期五 星期六
-----------------------------------------------
                                 1      2      3
    4      5      6      7      8      9     10
   11     12     13     14     15     16     17
   18     19     20     21     22     23     24
   25     26     27     28
```

1 编程基础
2 运算符
3 列表
4 流程控制语句
5 函数
6 字符串
7 文件和例外处理
8 类和对象
9 附录

COLUMN

～ docstring ～

所谓docstring，是给自己制作的模块、类、函数等贴上说明用的标签。Python的注释基本上都用“#”来记述，它跟这类注释不同的地方在于它可以被用来在后期查看模块、函数这些代码是起怎样作用的代码。

在模块和函数的开端使用三个双引号“““框住的字符串记述部分可以当作docstring来使用，其记述的内容通常是有关模块和函数的详细解说。

那么让我们实际试用一下吧。在下文中，向在p.102定义的函数添加docstring内容。

```
def add(a, b):
    """ 是得到两个整数的和的函数 """
    x = a + b
    return x
```

这个部分就是docstring。

将这个文件以“add.py”的名字保存后，启动对话式终端。想要确认docstring的内容的话，需要用到help()函数。将add模块输入后，通过输入命令“help(add)”后可以得到如下反馈。

```
>>> import add

>>> help(add)
Help on module add:

NAME
    add

FUNCTIONS
    add(a, b)
        是得到两个整数的和的函数

FILE
    c:¥pythonehon¥add.py
```

记述的内容显示在这里。

在创建文档的方法之一的Sphinx之中，我们可以利用这个dicstring的字符串来制作可以在网页浏览器中阅览的HTML形式的文件。

6

字符串

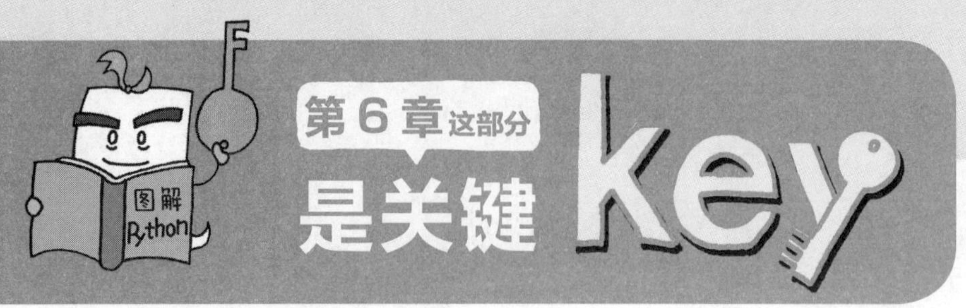
图解
Python
第 6 章 这部分
是关键
key

字符串的操作

在这一章，我们会相继学习字符串的加工、字符串信息的获取这类操作的方法。在前半章，会介绍字符串的分割、结合、替换、检索、长度获取等。

Python在基本库中就准备了很多关于字符串的函数或者方法。由于字符串可以与列表等同使用，在需要调取特定的文字或者截取一部分字符串的时候，并不需要使用函数，而是直接在[ ]中将脚标的索引数字指定即可。字符串的操作在众多的软件中都有广泛的应用场景，所以在本章中最好是能掌握这些相关函数和方法的使用方式。

什么是正则表达式

正则表达式听上去十分晦涩难懂，但是简单来说，它就是一种模糊的字符串表达方式。例如，这些《PHP绘卷》《Perl绘卷》《Python绘卷》都是从“P”开始，以“绘卷”结束。将这个规律用正则表达式表达的话，就是“P.+绘卷”这样的形式。正则表达式本身不仅在计算机语言当中，在文本编辑中也会被频繁使用，所以即使是初次学习编程的读者可能对此也有所了解。

在上文的正则表达式中出现的“.”“+”被称为**特殊字符**，用以表示任意的一个字符和一次或多次重复前述表达。将这些特殊字符组合起来的表述方式称之为**模式**。利用这一类的特殊符号来判断字符串是否符合模式，也可以利用正则表达式将其替换或者分割。

P
绘卷

先从模块开始了解

在前面的章节内容中，**模块**也通过“import sys”这样的形式被使用过多次，但在本章中将会对其进行详细的解释。

Python中有sys、re、math、datetime等各种各样的标准模块。如果能记住这些模块的使用方法的话，可实现的效果会被大大拓展。同时，所谓模块，基本上是别的文件中的Python程序或者与其类似的某些器件（程序打包或者压缩了的东西），因此自己制作一个模块也十分容易。在本章的最后，会介绍被配置在各个位置的模块如何被读取、如何命名等操作。

同时，由于Python的全局变量的变量范围是在文件内，所以，将模块合理规划好就可以提高程序的独立性，并且得到一个非常清晰、整洁的程序代码。因此，在具备了书写较长的程序代码的能力之后，也十分建议读者能够去钻研一下如何规划模块。

基本的字符串操作(1)

在本节中，学习字符串的加工、调查等操作方法。本文会集中介绍这些与字符串相关的方法。

字符串的分割

如果要分割字符串，需要使用**split()**方法。结果，被分割的字符串会变成字符串的列表。

```
s = '苹果，橘子，葡萄'
slist = s.split('，')
```

split() 方法
用在参数中指定的字符，将字符分隔成字符串列表。

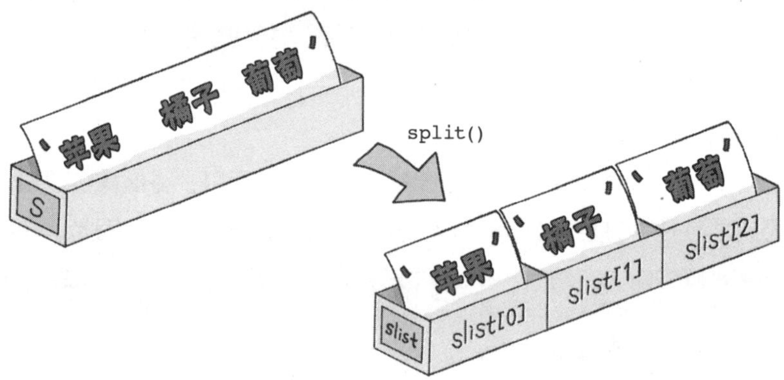

'苹果 橘子 葡萄'
s
split()
'苹果'
'橘子'
'葡萄'
slist
slist[0]
slist[1]
slist[2]

将参数省略时，空格会成为默认的分割用的字符。与此同时，重复的多个空格会被视做一个空格。

```
s = '苹果，橘子，葡萄␣柠檬␣␣橙子'
for ss in s.split():
    print(ss)
```

运行结果

```
苹果，橘子，葡萄
柠檬
橙子
```

如果指定了第二参数，就可以限定分割的次数。

```
s = '苹果，橘子，葡萄'
for ss in s.split('，', 1):
    print(ss)
```

次数限定

运行结果

```
苹果
橘子，葡萄
```

字符串的结合

如果想进行与split()相反的操作，将列表结合成为字符串的话，需要使用**join()**方法。

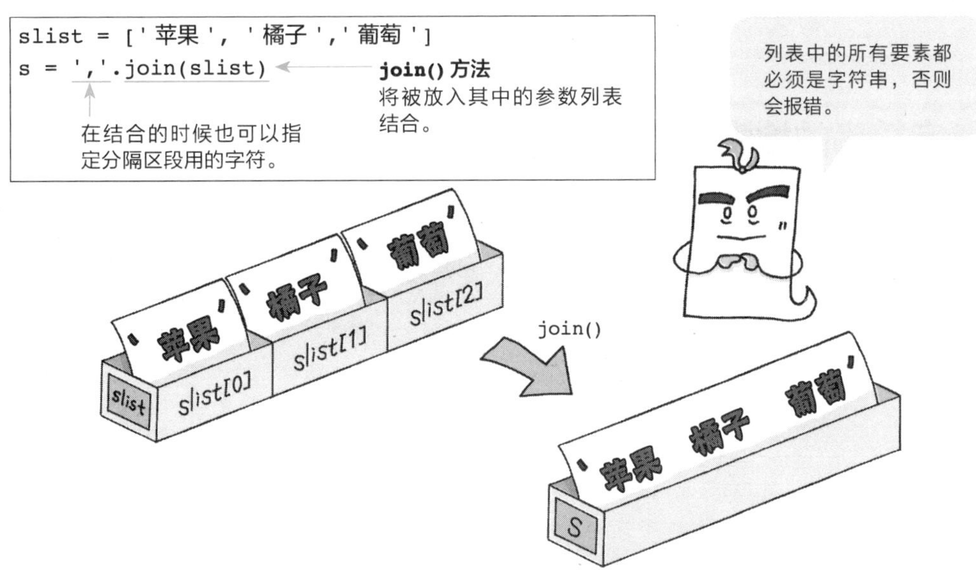

```
slist = ['苹果', '橘子','葡萄']
s = ','.join(slist)
```

join() 方法
将被放入其中的参数列表结合。

在结合的时候也可以指定分隔区段用的字符。

列表中的所有要素都必须是字符串，否则会报错。
'苹果'
'橘子'
'葡萄'
slist
slist[0]
slist[1]
slist[2]
join()
'苹果　橘子　葡萄'
s

字符串的替换

如果需要替换字符串中特定的文字的话，需要使用**replace()**方法。

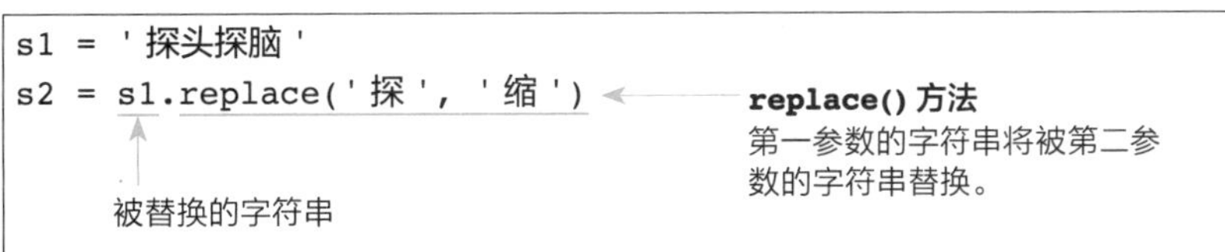

```
s1 = '探头探脑'
s2 = s1.replace('探', '缩')
```

replace() 方法
第一参数的字符串将被第二参数的字符串替换。

被替换的字符串

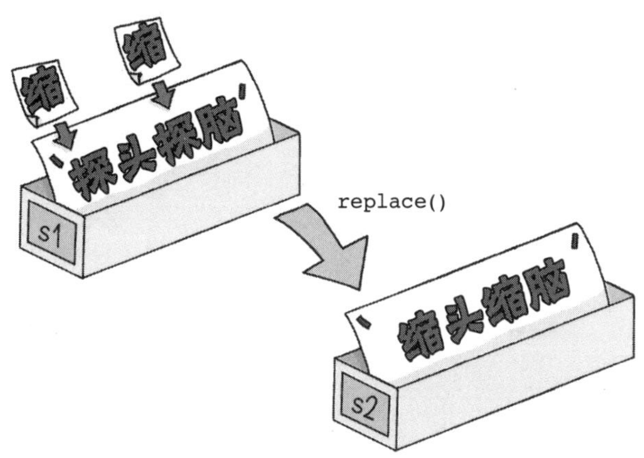

缩
缩
'探头探脑'
s1
replace()
'缩头缩脑'
s2

基本的字符串操作(2)

在这里介绍检索特定的字符串的方法。

字符串的检索

» fing() 方法

想在字符串中查找到特定字符串的位置的时候，使用**find()**方法。

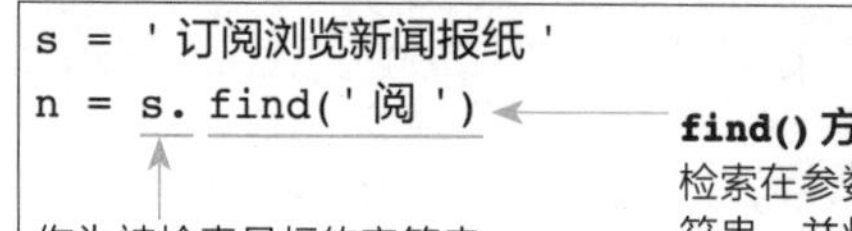

```
s = '订阅浏览新闻报纸'
n = s.find('阅')
```


find() 方法
检索在参数中所指定的字符串，并将最初检索到的位置作为返回值返回。
作为被检索目标的字符串

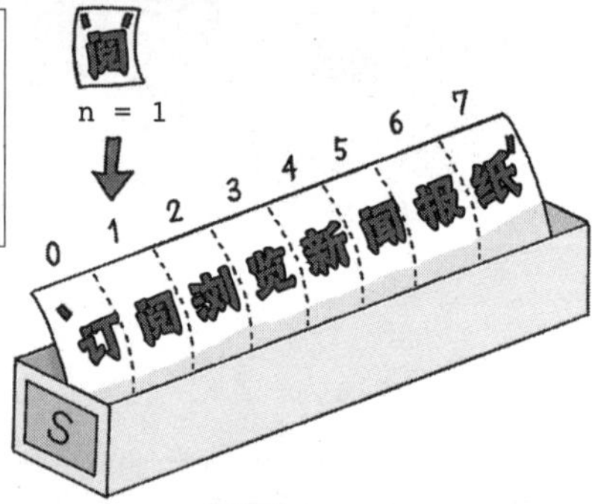

阅
n = 1
0 1 2 3 4 5 6 7
订阅浏览新闻报纸
S

如果想要限定检索的范围的话，用第二和第三参数来指定其范围。

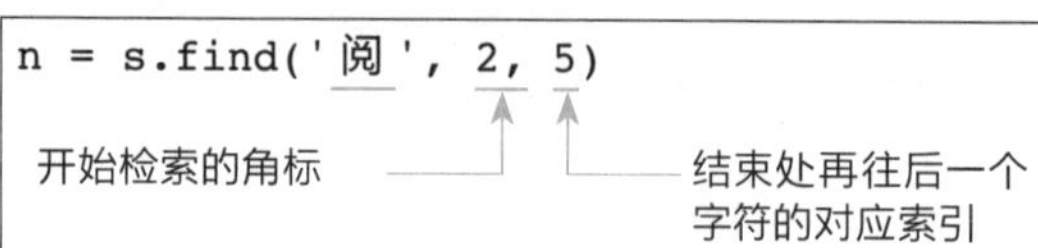

```
n = s.find('阅', 2, 5)
```


开始检索的角标
结束处再往后一个字符的对应索引

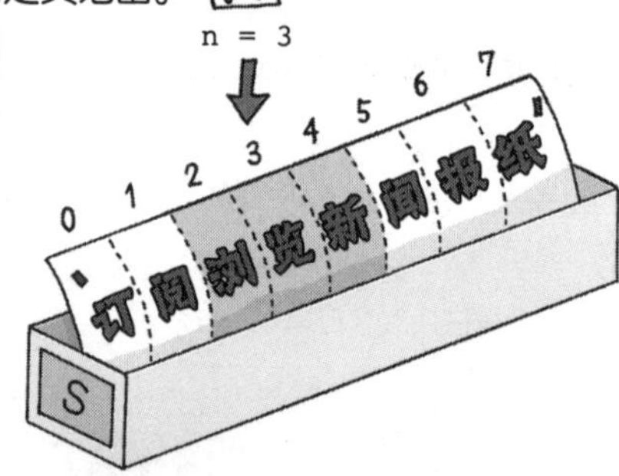

阅
n = 3
0 1 2 3 4 5 6 7
订阅浏览新闻报纸
S

如果指定的字符串没有被找到的话，会返回-1值。

```
n = s.find('阿')
```

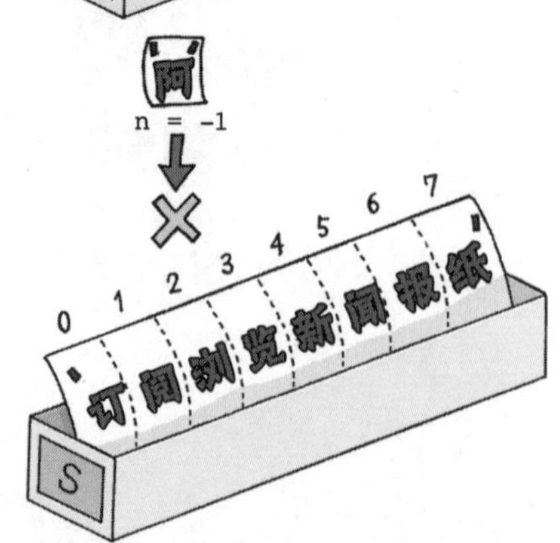

阿
n = -1
0 1 2 3 4 5 6 7
订阅浏览新闻报纸
S

» index() 方法

index()方法和find()有着几乎相同的功能，只是在检索不到相关字符串的时候会报错(ValueError)，这一点与find()不同。

```
n = s.index('阿')
```

ValueError

 查看特定的字符串是否被包含在其中

只想查看是否含有特定的字符串（并不需要知道所在的位置）时，可以使用in命令。如果包含这段字符串的话就是True，没有被包含的话，就是False会被作为返回值返回。

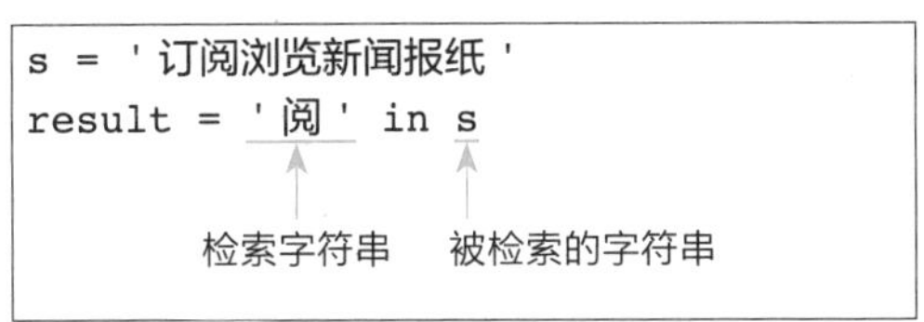
s = '订阅浏览新闻报纸'
result = '阅' in s
检索字符串
被检索的字符串

调查字符串的个数

查看特定的字符串被包含在待查的字符串中几次的时候，使用count()方法。

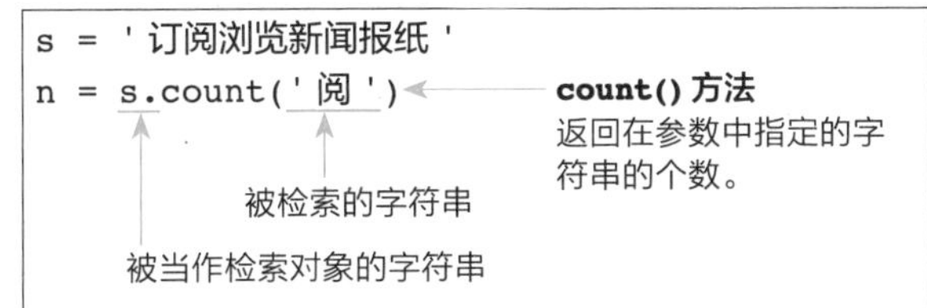
s = '订阅浏览新闻报纸'
n = s.count('阅')
count() 方法
返回在参数中指定的字符串的个数。
被检索的字符串
被当作检索对象的字符串

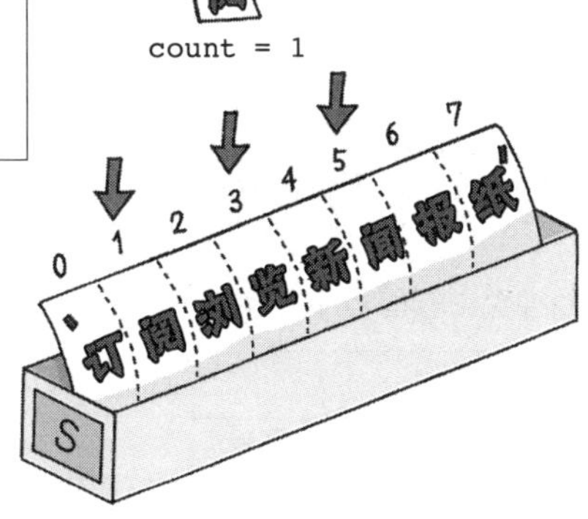
阅
count = 1
0
1
2
3
4
5
6
7
订
阅
浏
览
新
闻
报
纸
S

基本的字符串操作(3)

在本节详细介绍其他各种字符串操作。

去掉字符串的无效空格

利用**strip()**方法可以将前后多余的空白（包括全角空格或者下划线）删除。

```
s1 = '     abc     '
s2 = s1.strip()
```

将参数指定之后，可以删除空格之外其他字符。

```
s1 = ',,,,abc,,,'
s2 = s1.strip(',')
```

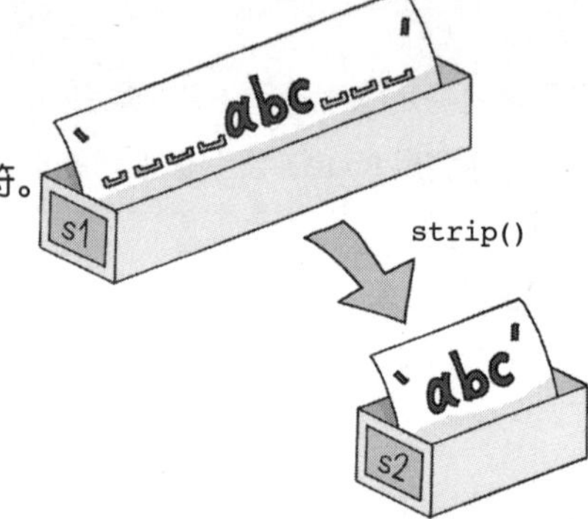

abc
s1
strip()
abc
s2

在大写和小写之间切换

在大小写之间切换时，需要用到如下方法。

方法	意义	案例	s2 的值 (s1 = 'heLLo worLd' 时的输出)
upper()	将所有字符转换为大写	s2 = s1.upper()	HELLO WORLD
lower()	将所有字符转换为小写	s2 = s1.lower()	hello world
title()	将首字母大写	s2 = s1.title()	Hello World

转换为字符串

将各种类型的值转换为字符串时，使用**str()**函数。

```
str(123)            →  '123'
str(True)           →  'True'
str(['a','b','c'])  →  "['a', 'b', 'c']"
```

字符串的长度

想要取得字符串的长度的话，需要使用**len()**函数。

```
s = '苹果汁'
l = len(s)
```

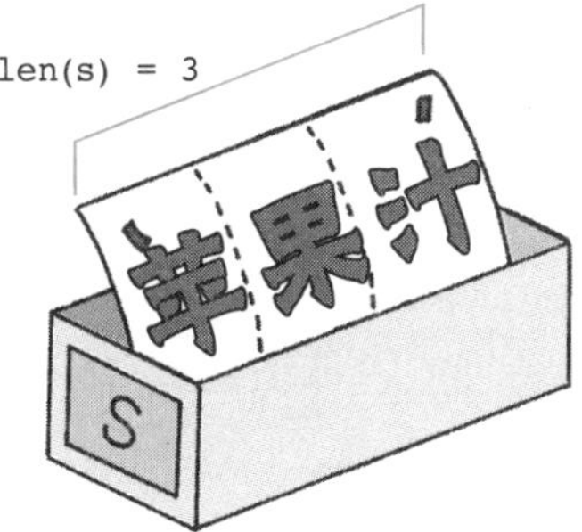
len(s) = 3
苹果汁
S

无论是半角还是全角，
都被记为一个字符。

截取部分字符串

如果想要取得某一特定的字符串片段，就需要指定索引范围。

```
s = '苹果汁 橘子皮'
s2 = s[2:6]
```

开始的索引数（指 2）；结束位置后一位的索引数（指 6）

下表所示是几种指定范围的例子。

命令行	意义	结果（s = '苹果汁 橘子皮'）
s[:6]	从开始位置到索引数是 5(=6-1) 的位置为止	'苹果汁 橘子'
s[2:]	从索引数是 2 的位置到末尾	'汁 橘子皮'
s[-2:]	末尾的两个数	'子皮'
s[2:6:2]	从索引 2 到索引 5，间隔两个字符	'果橘'
s[:]	字符串整体	'苹果汁 橘子皮'
s[::-1]	将字符串倒叙	'皮子橘 汁果苹'

从字符串中逐一取出文字

可以通过对字符串使用for~in语法，

将字符逐一取出。

```
for ss in '大家中午好':
    print(ss)
```

运行结果
大
家
中
午
好

正则表达式

让我们一起看看什么是正则表达式吧！

字符串的表现

例如下文，让我们从寻找一本书开始。

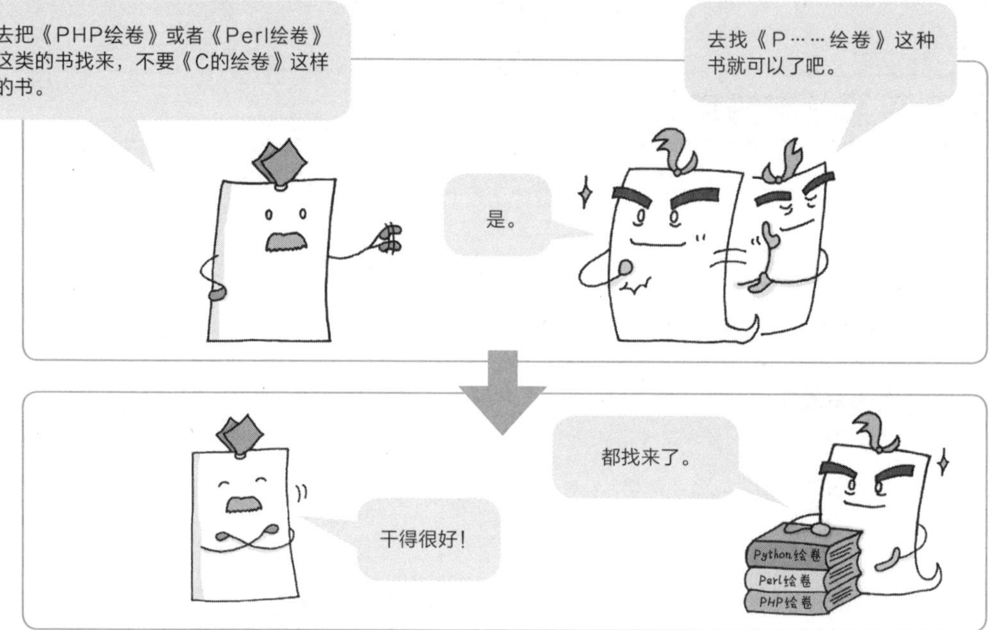
去把《PHP绘卷》或者《Perl绘卷》这类的书找来，不要《C的绘卷》这样的书。
去找《P……绘卷》这种书就可以了吧。
是。
都找来了。
干得很好！
Python绘卷
Perl绘卷
PHP绘卷

什么是正则表达式?

所谓正则表达式，就是将字符串抽象化后表达出来的方法。如果使用正则表达式，《PHP绘卷》《Perl绘卷》《Python绘卷》这种不同的字符串都可以用《P<半角英文>绘卷》这样的形式统一表达出来。

HP
P
半角英文
绘
卷
erl
ython
利用了正则表达式的模糊表达被称为**模式**。

正则表达式的创建规则

用下文中的方式就可以将相应的字符串抽象化。

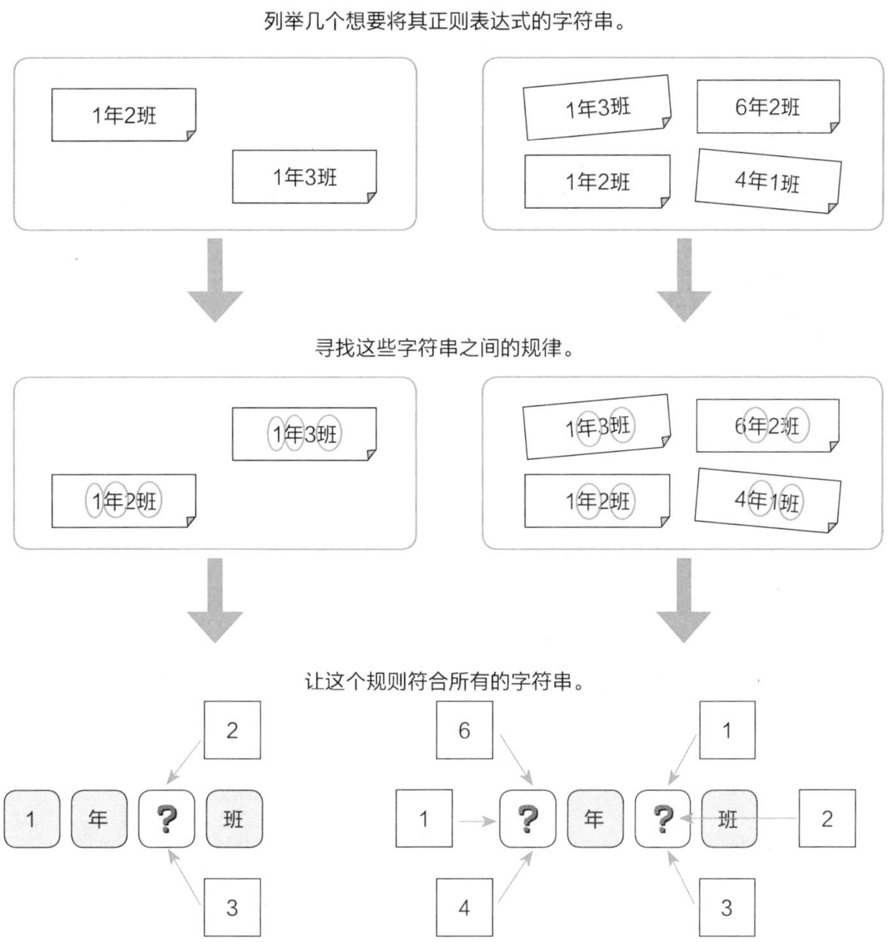

列举几个想要将其正则表达式的字符串。

1年2班　1年3班

1年3班　6年2班　1年2班　4年1班

寻找这些字符串之间的规律。

1年3班　1年2班

1年3班　6年2班　1年2班　4年1班

让这个规则符合所有的字符串。

1 年 ? 班（? ← 2、3）

? 年 ? 班（第一个 ? ← 6、1、4；第二个 ? ← 1、2、3）

特殊字符（1）

在这里介绍使用了特殊字符的正则表达式。

正则表达中的字符

用正则表达式表示字符串时，表达的是字符本身。但是在正则表达式中，可以使用特殊字符这类具有特殊意义的文字。

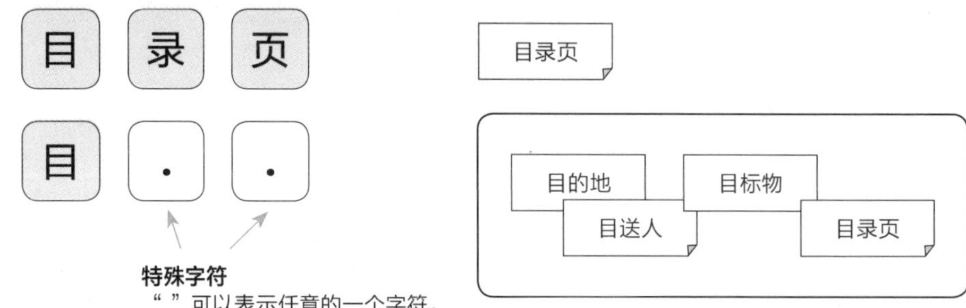

目
录
页
目录页
目
.
.
目的地
目标物
目送人
目录页
特殊字符
“.”可以表示任意的一个字符。

正则表达式中使用的特殊字符有以下几种。

特殊字符	意义	特殊字符	意义
.	任意的一个字符（不包括改行符）	( )	正则表达式的组
*	将该字符前的字符串重复 0 回以上	[ ]	字符的类
+	将该字符前的字符串重复 1 回以上	{n}	重复 n 回
?	将该字符前的字符串重复 0~1 回	{n,}	重复 n 回以上
^	行的开头	{n,m}	重复 n 回以上 m 回以下
$	行的末尾	\	将特殊字符作为字符使用
|	选择		

使用了特殊字符“.”“*”“+”“?”“{}”的正则表达式

下文将介绍使用了特殊字符“.”“*”“+”“?”“{}”的正则表达式。

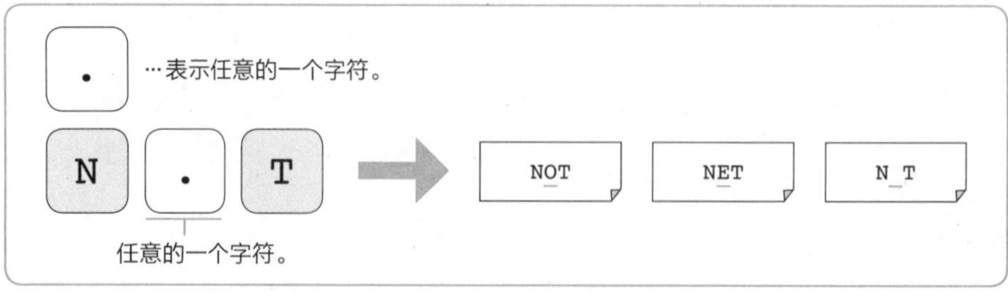

.
…表示任意的一个字符。
N
.
T
NOT
NET
N_T
任意的一个字符。

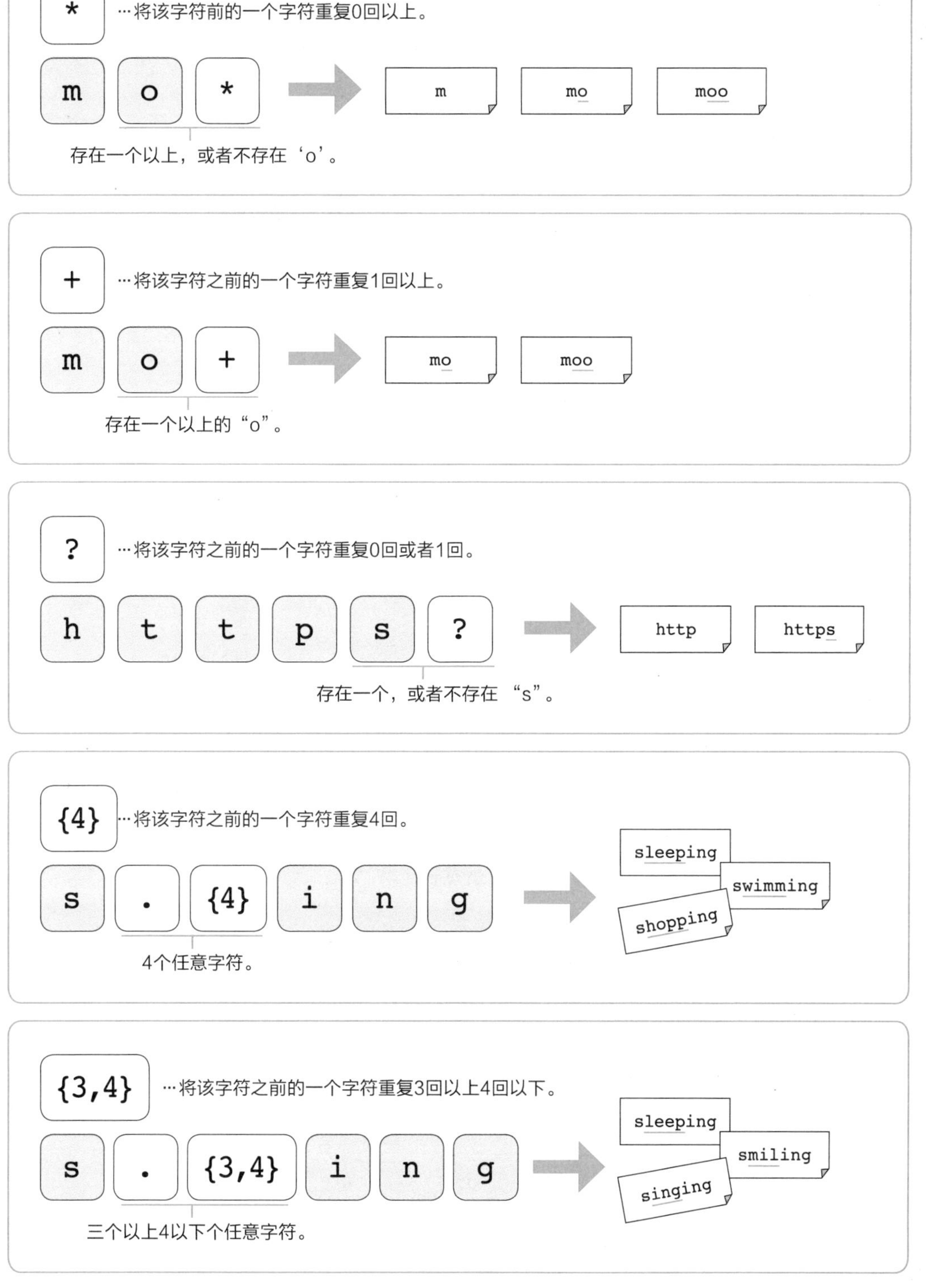
*
…将该字符前的一个字符重复0回以上。
m o *
m
mo
moo
存在一个以上，或者不存在‘o’。
+
…将该字符之前的一个字符重复1回以上。
m o +
mo
moo
存在一个以上的“o”。
?
…将该字符之前的一个字符重复0回或者1回。
h t t p s ?
http
https
存在一个，或者不存在“s”。
{4}
…将该字符之前的一个字符重复4回。
s . {4} i n g
sleeping
swimming
shopping
4个任意字符。
{3,4}
…将该字符之前的一个字符重复3回以上4回以下。
s . {3,4} i n g
sleeping
smiling
singing
三个以上4以下个任意字符。

特殊字符（2）

继续前一页的内容，依然是有关使用了特殊字符的正则表达式的介绍。

使用了特殊字符“？”“{}”的正则表达式

介绍使用了特殊字符“？”“{}”的正则表达式。

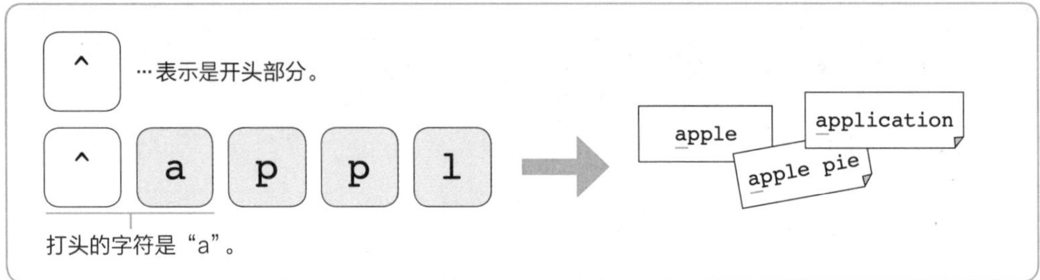
^
…表示是开头部分。
^ a p p l
apple
application
apple pie
打头的字符是“a”。

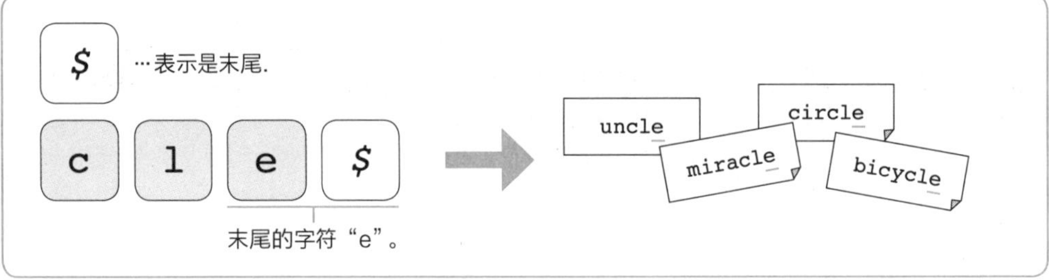
$
…表示是末尾.
c l e $
uncle
circle
miracle
bicycle
末尾的字符“e”。

》将这些特殊字符作为文字使用

如果想将这些特殊字符单纯地作为字符使用，就需要使用“\”。

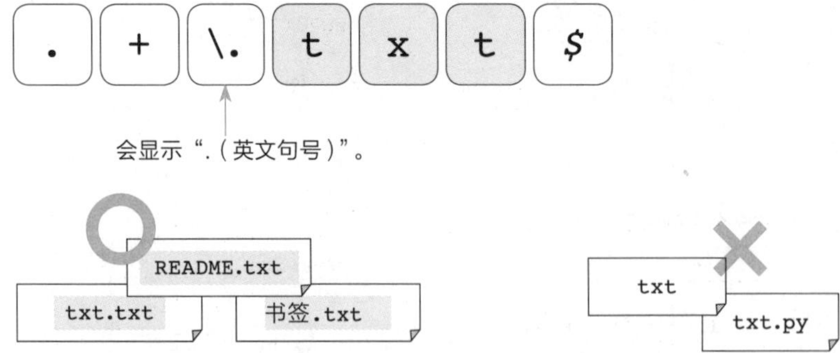
. + \. t x t $
会显示“.（英文句号）”。
README.txt
txt.txt
书签.txt
txt
txt.py

字符类

将多个字符收集到一起的东西被称之为字符类。字符类需要用中括号[ ]括住，可以将括在其中的某一文字显示出来。

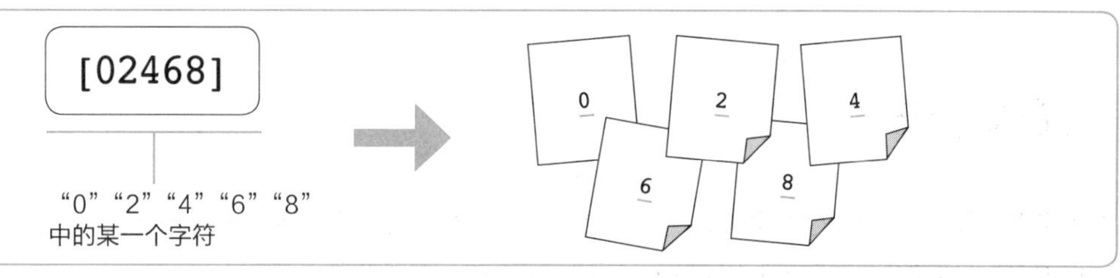
[02468]
"0" "2" "4" "6" "8"
中的某一个字符
0
2
4
6
8

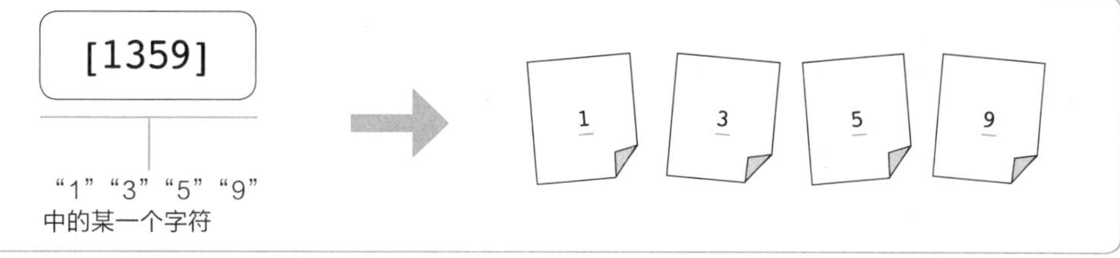
[1359]
"1" "3" "5" "9"
中的某一个字符
1
3
5
9

否定

在字符类的开头添加特殊字符"^"，表示是字符类的否定。

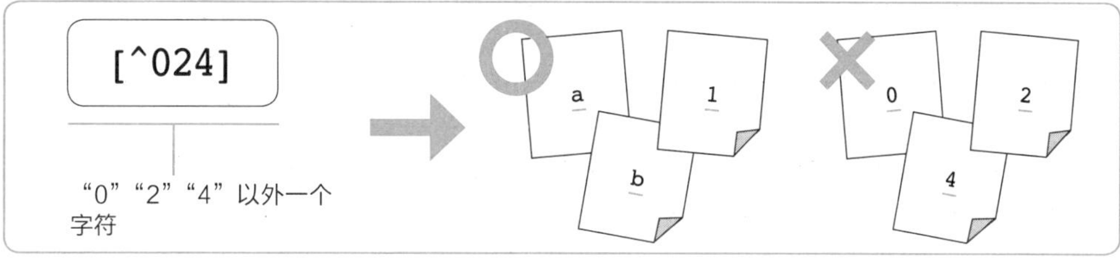
[^024]
"0" "2" "4" 以外一个字符
a
1
b
0
2
4

范围

连续的字符串可以通过使用'-'将字符串的首字符和尾字符连接来记述。

[0123456789]
[0-9]

组化

使用( )可以将模式组化。

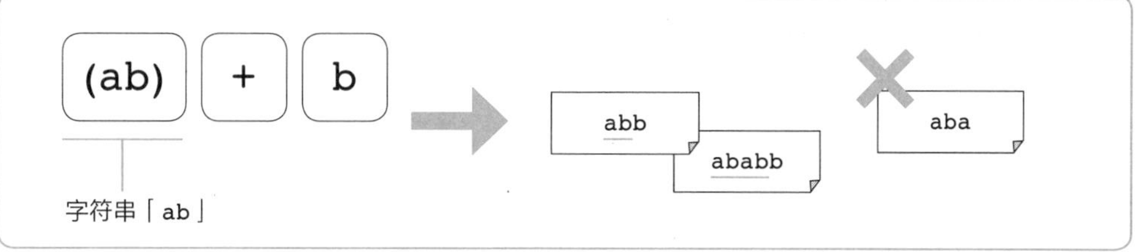
(ab)
+
b
字符串「ab」
abb
ababb
aba

正则匹配(1)

让我们看看正则表达式的使用案例，先从字符串是否符合正则的模式开始学起。

正则匹配

如果字符串和模式一致的时候就是“匹配”的，不一致就是“不匹配”的，查看是否匹配的过程被称为**正则匹配**。进行正则匹配的话需要使用**match()**函数。

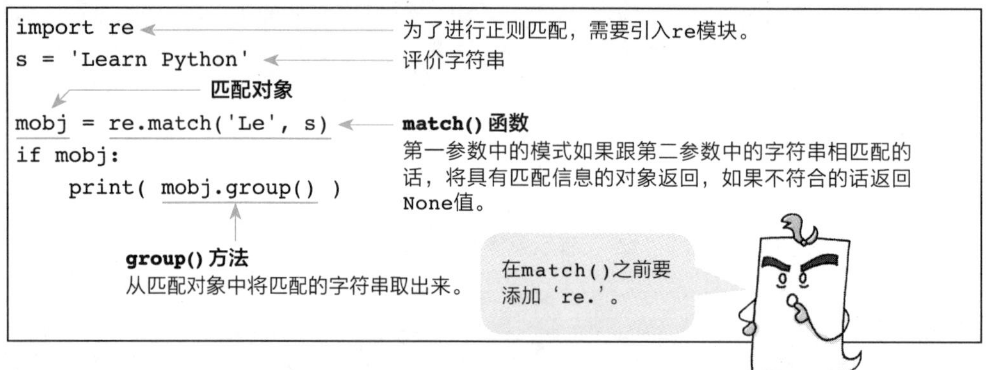

```
import re
s = 'Learn Python'
mobj = re.match('Le', s)
if mobj:
    print( mobj.group() )
```


为了进行正则匹配，需要引入re模块。
评价字符串
匹配对象
match() 函数
第一参数中的模式如果跟第二参数中的字符串相匹配的话，将具有匹配信息的对象返回，如果不符合的话返回None值。
group() 方法
从匹配对象中将匹配的字符串取出来。
在match()之前要添加‘re.’。

然而，利用了match()函数的正则匹配是从字符串的开头开始评价的。即使在字符串的中间找到了匹配的字段，也不会被视为匹配。

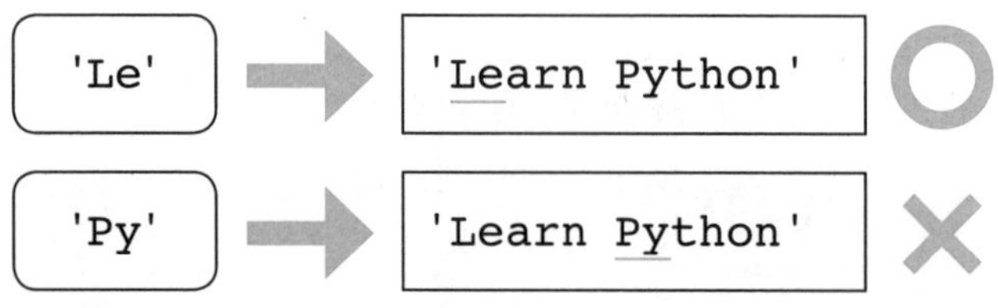

'Le'
'Learn Python'
'Py'
'Learn Python'

如果想要中途匹配的话，需要使用**search()**函数。用法和match()完全一样。

```
mobj = re.search('Py', s)
```

不仅是匹配过的字符，从匹配对象中也可以取出一个范围。

`mobj.start()`	从匹配了的字符串中将首字母提取出来
`mobj.end()`	从匹配了的字符串中将末尾索引加1后所对应的那个字符提取出来
`mobj.span()`	将上述索引对应的元素作为元组获取

group()='Le'

start()=0

end()=1+1=2

span()=(0,2)

模式转译

在相同的模式下想要评价各种字符串的不同，可以通过制作好进行了模式转译的正则表达对象来实现快速匹配。

```
import re
s = 'Learn Python'
reobj = re.compile('Le')
mobj = reobj.match(s)
if mobj:
    print( mobj.group() )
```

正则表达对象

compile() 函数
将模式转译后返回给正则表达对象。

利用正则表达对象的match()方法看是否匹配。

大写字符和小写字符的区别

想要不区分大小写进行匹配时，要用以下形式书写。

没转译

```
mobj = re.match('Le', s, re.IGNORECASE)
```

有转译

```
reobj = re.compile('Le', re.IGNORECASE)
```

编程基础

运算符

列表

流程控制语句

函数

字符串

文件和例外处理

类和对象

附录

正则匹配(2)

通过 **match()** 和 **search()** 可以获取的匹配字符串只有一个，在本节介绍取出多个字符串的方法。

最短匹配和最长匹配

在使用没有规定重复次数的特殊字符*、+、？、{n,}、{n,m}的情况下，符合模式的字符串中最长的字符串会被匹配（**最长匹配**）。在这些特殊字符的后面添加一个“？”，就会跟最短的字符串相匹配（**最短匹配**）。

最长匹配

```
re.match('L.*n', 'Learn Python').group()
```

'Learn Python'

最短匹配

```
re.match('L.*?n', 'Learn Python').group()
```

'Learn'

获取所有匹配的字符串

使用**findall()**函数可以获取所有与模式相匹配的字符串。

```
import re
s = 'Learn Python'
mlist = re.findall('.n', s)
```

findall() 函数
返回匹配了的字符串的列表。
如果一个匹配的字符串都没有，则会返回空的列表。

'.n'

'Learn Python'

'rn'
'on'
mlist
mlist[0]
mlist[1]

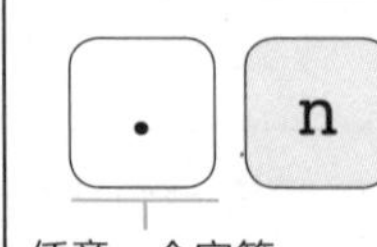

.
n

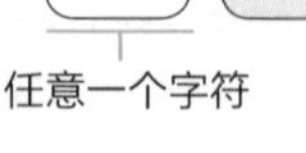

任意一个字符

“.n”表示任意一个字符+“n”的意思。

获得所有匹配的字符串及其位置信息

如果同时还想获得相关的位置信息的话，需要使用**finditer()**函数。

例

```
import re
s = 'Learn Python'
miter = re.finditer('.n', s)
for mobj in miter:
    print( mobj.group() )
    print( mobj.span() )
```

finditer()函数
将符合的字符串的位置作为返回值返回。

迭代对象
通过利用for等循环语句，可以取得相应的匹配对象。

匹配对象

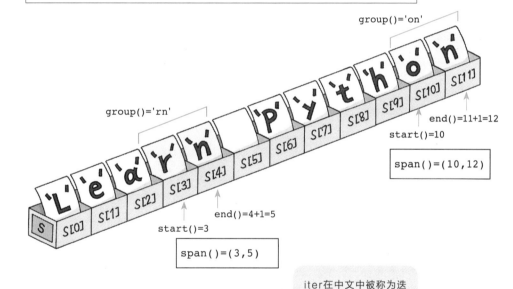

group()='rn'　start()=3　end()=4+1=5　span()=(3,5)

group()='on'　start()=10　end()=11+1=12　span()=(10,12)

运行结果

```
rn
(3, 5)
on
(10, 12)
```

iter在中文中被称为迭代器。

利用正则表达式替换和分割

在本节中介绍利用正则表达式将匹配的字符串与其他字符串进行替换，或者将匹配的字符串进行分割。

有关正则表达中的替换

如果想要替换正则表达中的字符串的话，需要使用**sub()**函数。

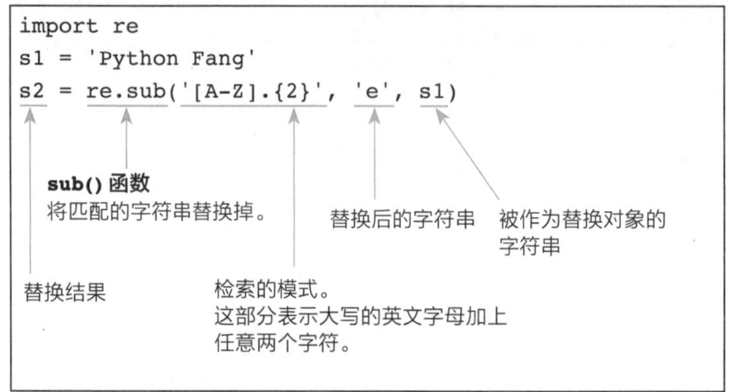

import re
s1 = 'Python Fang'
s2 = re.sub('[A-Z].{2}', 'e', s1)
sub() 函数
将匹配的字符串替换掉。
替换后的字符串
被作为替换对象的字符串
替换结果
检索的模式。
这部分表示大写的英文字母加上任意两个字符。

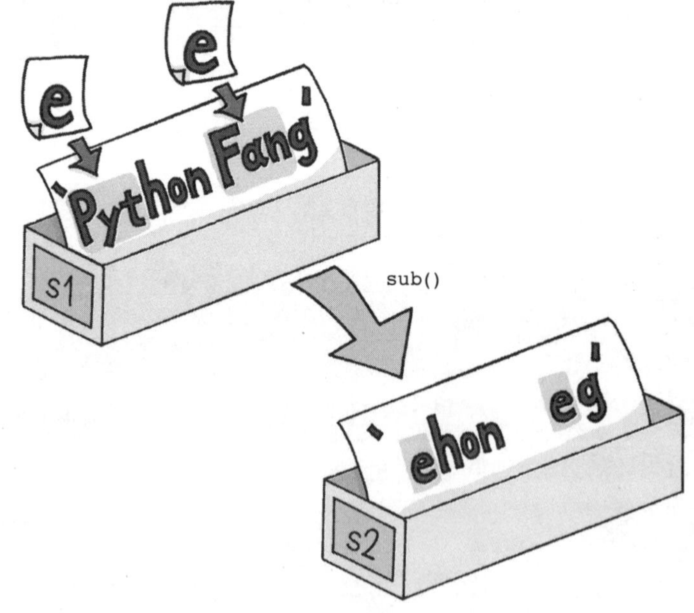

e
e
'Python Fang'
s1
sub()
'ehon eg'
s2

用正则表达式进行分割

用正则表达式所表达的字符串将字符串分割时，需要用到**split()**函数。结果可以以列表的形式获得。

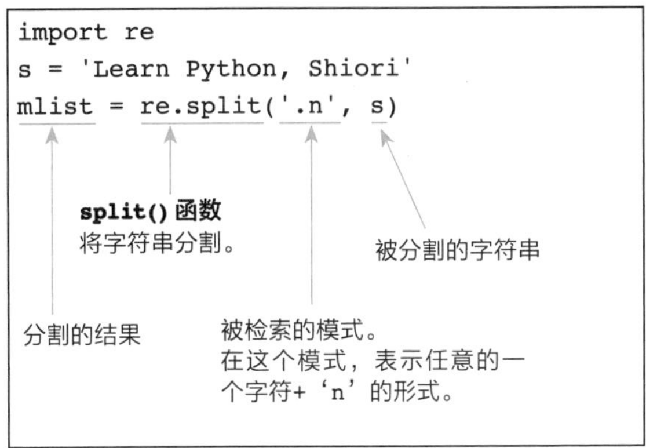

import re
s = 'Learn Python, Shiori'
mlist = re.split('.n', s)
split() 函数
将字符串分割。
被分割的字符串
分割的结果
被检索的模式。
在这个模式，表示任意的一个字符+ 'n' 的形式。

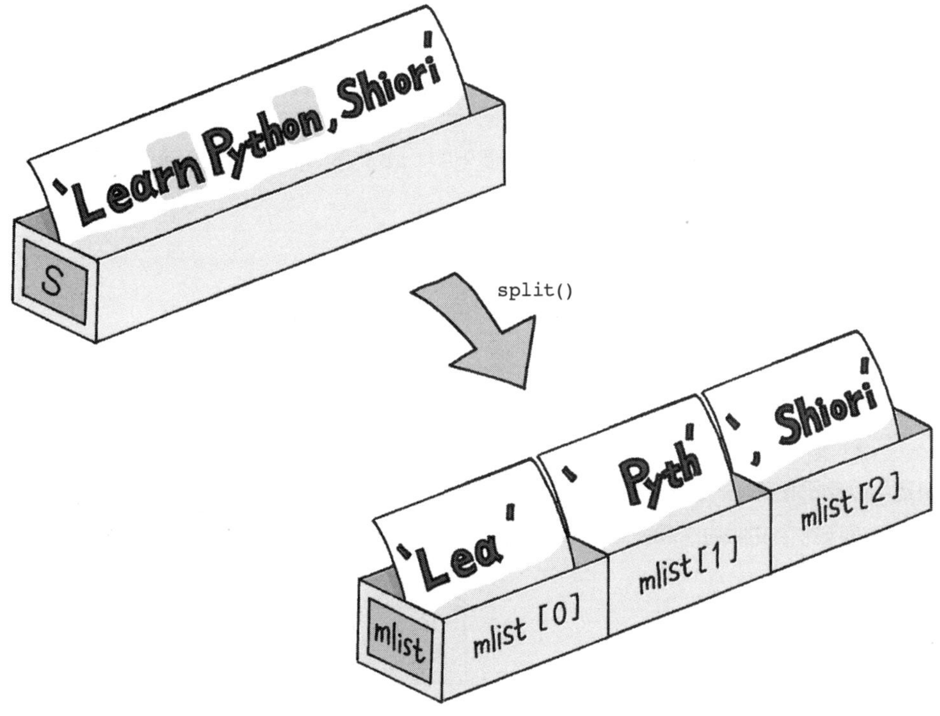

'Learn Python, Shiori'
S
split()
'Lea'
' Pyth'
', Shiori'
mlist
mlist [0]
mlist[1]
mlist[2]

模块

试着调用并读取其他的 Python 程序文件吧。

模块的引入

在前文中也多次出现过的import是调用读取Python脚本程序的命令，其中被读取的文件称为**模块**。

```
import re
s = 'Learn Python, Shiori'
mobj = re.match('Le', s)
```

读取名为re.py的脚本文件。在用import调用的模块名中不需要添加‘.py’尾缀（re.py在Python的安装文档中的lib文档中存在）。

可以方便利用很多原本就有的基本功能。

模块文件需要被放在当前文件夹中或者上文提到的lib文档中。如果想要创建模块的快照，就需要下文这种代码。

```
import sys
print(sys.path)
```

sys.path表示快照字符串的列表。可以使用append()追加快照。

模块的创建

模块是可以自己创建的，我们需要在脚本文件相同的文件夹中创建一个叫mymodule.py的文件，想要调用这个文件的话需要用到下述形式。

```
import mymodule
mymodule.myFunc()
```

mymodule.py

```
def myFunc():
    print('Hello')
```

请注意区分模块名的大小写。

运行结果

```
Hello
```

》另起一个别名

可以用下文的形式，利用 as 给模块起一个别名。

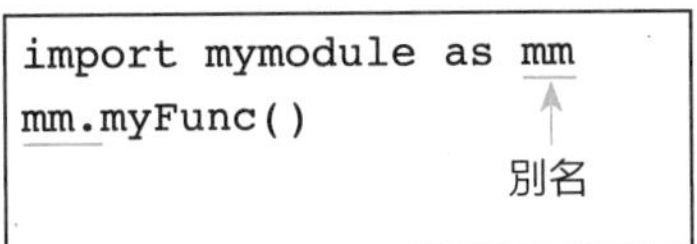

import mymodule as mm
mm.myFunc()
别名

》函数的调用

可以用下述形式，利用 from 来调用特定的函数。

from mymodule import myFunc
myFunc()
函数名
模块名

不需要在函数名前添加模块名。

》文件层级的制定

存在如下文所示的文件层级和文件的时候，以从当前文件夹的源文件中调用的方法为例，介绍文件层级的制定方式。

① mod 文件的 mymodule.py

```
from mod import mymodule
mymodule.myFunc()
```

文件名　模块名

② .¥mod¥mod1 文件中的 mymodule1.py

```
from mod.mod1 import mymodule1
mymodule1.myFunc()
```

利用句点来制定文件的层级。

③ .¥mod¥mod2 文件中的 mymodule2.py

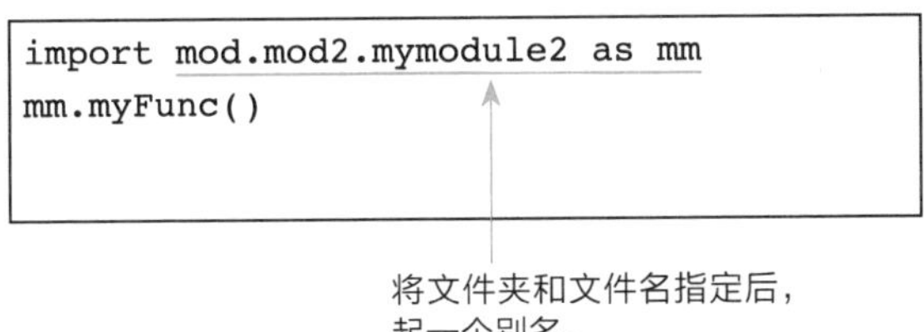

import mod.mod2.mymodule2 as mm
mm.myFunc()

将文件夹和文件名指定后，起一个别名。

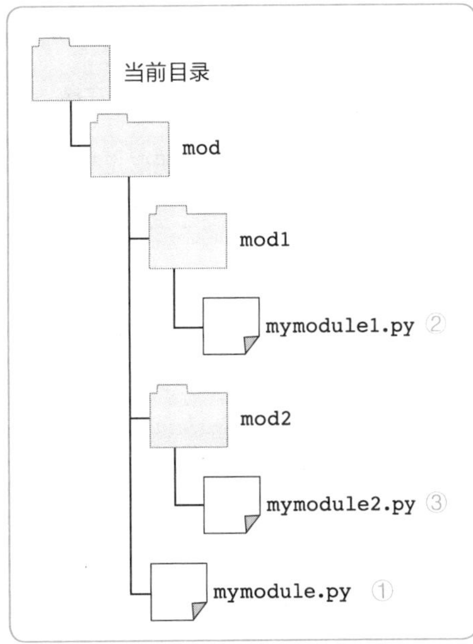

当前目录
mod
mod1
mymodule1.py ②
mod2
mymodule2.py ③
mymodule.py ①

样本程序

●调查密码的形式

规定密码为下述形式，并确认输入的字符串的形式是否符合这个规定。

> **密码的规则：**
> - 只可以使用半角英文和英文数字以及_（下划线）
> - 首字母必须是半角的英文字母
> - 3 个字符以上 8 个字符以下

源代码

```
import re

while True:
    s = input('密码>')
    if s == '':
        break
    mobj = re.match('^[a-z][a-z0-9_]{2,7}$', s, re.IGNORECASE)
    if mobj:
        print('密码形式正确。')
    else:
        print('密码形式不正确。')
```

运行结果

```
密码>Abc45_
密码形式正确。
密码>a                    ← 过短的情况
密码形式不正确。
密码>98#                  ← 含有无效的字符的情况
密码形式不正确。
密码>white fox            ← 含有无效的字符的情况
密码形式不正确。
密码>python_no_ehon       ← 过长的情况
密码形式不正确。
密码>                     ← 回车结束
```

※加粗部分是用户输入的部分

●从字符串中将数值抽取出来

在字符串中检索数值，如果发现了数值的话，将其数值和检索到的数值的个数显示出来。

源代码

```
import re

s = '20 + 30 = 50'
print('检索数据：', s)

mlist = re.findall('¥d+', s)
for s in mlist:
    print(s)
n = len(mlist)

if n > 0:
    print('数值有', n, '个。')
else:
    print('不存在数值。')
```

运行结果

```
检索数据：20 + 30 = 50
不存在数值。
```

COLUMN

～打包～

在模块的项目中，即使文件存在层级构造，其中文件依然可以被调用的事已在前文做过介绍。可是，将单个的文件调用的时候会显得很麻烦。实际上在Python中可以使用“__init__.py”这样的文件夹，将整个文件夹内的文件整体读取。我们将这种可以整体读取的文件夹称之为包。

例如，mod文件夹中存在“mod1.py”“mod2.py”这两个文件的时候，如果想将mod整体打包，需要将“__init__.py”按下图的位置配置（文件名中的下划线分别在init前后各有两个）。

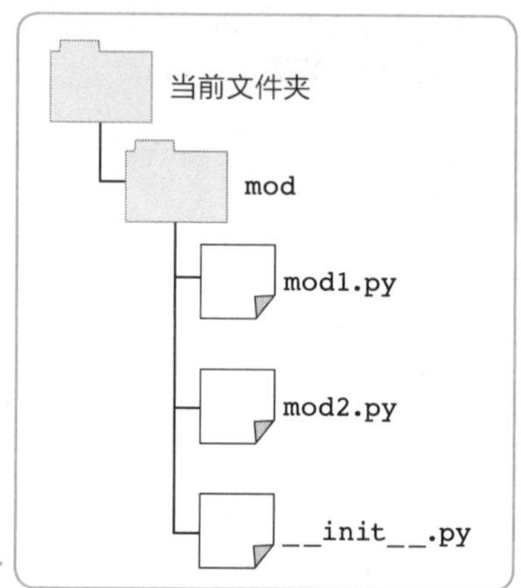

当前文件夹
mod
mod1.py
mod2.py
__init__.py

在“__init__.py”中需要记述可以将“mod1.py”和“mod2.py”调用的如下代码（“.”表示当前文件夹）。

__init__.py

```
from . import mod1
from . import mod2
```

然后，在当前文件夹中的源文件中需要按下面的形式指定文件名来记述import命令行。

```
import mod
```

将这些内容执行后，“__init__.py”会被自动执行，然后“mod1.py”和“mod2.py”会被调用，在这些文件中的函数或者变量变成可被利用的资源了。

即使文件层级变得很大，在各个文件夹中配置“__init__.py”，如果使下级的文件夹和文件表可以被调用的话，通过递归所有的模块便可以实现全部调用。

7

文件和例外处理

FILE
FILE
FILE

第 7 章 这部分
是关键
key
图解
Python

使用文件的顺序

在本章会学习使用文本文件的方法。如果想要使用文件，需要遵循一定的顺序，首先打开文件，然后对文件写入内容，最后再保存文件。使用文件的时候，不是使用文件本身，而是使用打开文件时获得的对象流。所谓“流”，就是流量的概念，在这里表示数据的流量。

默认是用OS标准的文字编码（Windows下的GBK简体中文等）进行读取，但是也可以通过指定文字编码读取这个文件。

如果能够学会使用文件的方式，那么将文本文件的内容读取并加工后再输出的程序也很容易就能做出来。同时，保存工作的成果、读取保存好的设定等功能也可以被实现了。所以，请各位读者务必去挑战一下对本章内容的学习。

FILE

请不要忘记针对错误值的对策

一个程序通常都会带有或多或少的bug。比如说，在程序中会面临对数值用0做了除法，将列表范围外的一个元素作为参数来使用了等情况。尤其是在涉及文件的使用的时候，由于存在众多外部因素，会发生一些意想不到的错误。一旦发生了报错，程序会宕机。

所以，为了防止程序出现这样的情况，提前做好相应的对策是十分有必要的。将执行程序时发生的错误作为例外情况，提前准备好应对错误这样的举措，我们称为例外处理(Exception Handling)。如果能够合理安排好例外处理，程序就可以规避异常退出的情况。

如果想要制作一款供多人使用的程序的话，例外处理是很关键的一个要素，请务必认真对待。

危险

FILE
FILE
FILE

文件对象

本节将介绍文件处理的基本操作以及读写文件时需要用到的文件对象相关的内容。

文件

在程序中，文件可以大致分为文本文件（源代码等）和素材（图片音频文件等）两个大类。

可以作为文字读取。
Python
源文件
HTML
文本
文本文件
画像
文件
音频
文件
二进制
素材文件
不能作为文字读取。

在本章中，会对文本文档进行说明。

文件处理的基础

使用文件的步骤如下。

①打开文件
FILE
②读取文件
③关闭文件
FILE

使用文件的时候，并不是对文件本身进行操作，而是将文件的对象流视为纽带，通过其对象来进行数据的操作。

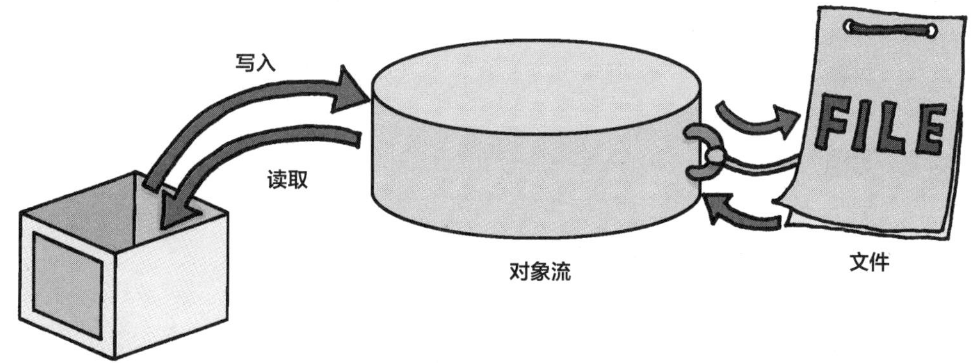

写入
读取
对象流
FILE
文件

»打开文件

“打开文件”这一过程的原理如上图所示，打开文件需要使用**open()**函数。

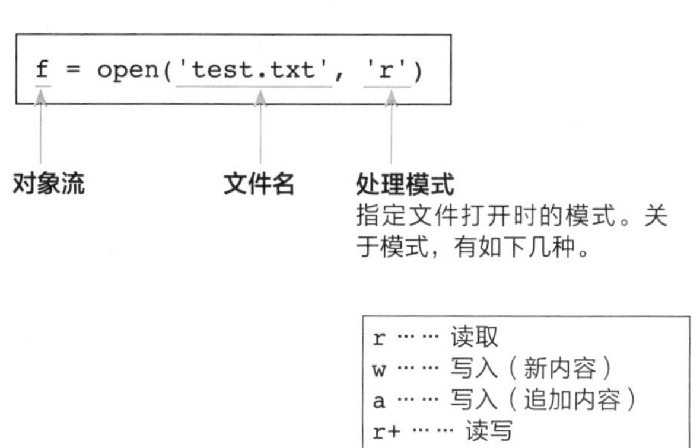

f = open('test.txt', 'r')
对象流
文件名
处理模式
指定文件打开时的模式。关于模式，有如下几种。
r …… 读取
w …… 写入（新内容）
a …… 写入（追加内容）
r+ …… 读写

如果在文件名处不指定路径的话，会默认参考当前目录。

»关闭文件

关闭文件的时候可以不考虑处理模式，使用 **close()** 方式，这样就可以解除连结。

```
f.close()
```

FILE
FILE
FILE

文件的读取

在理解前文内容的基础上，尝试着读取一些文本文档吧。

逐行读取

最基础的读取方式是将文本文件逐行读取，为此需要使用如下代码。

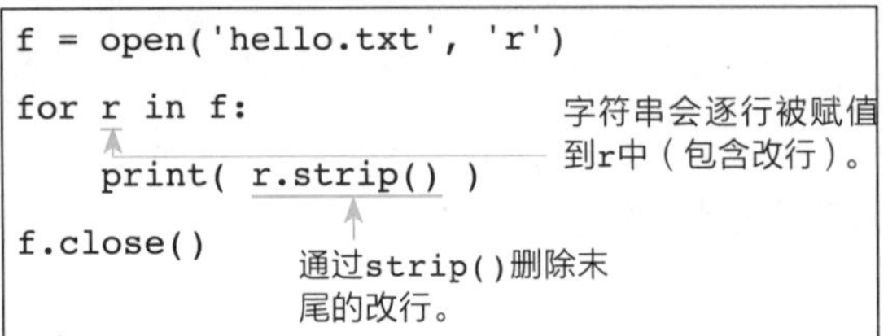

```
f = open('hello.txt', 'r')

for r in f:

    print( r.strip() )

f.close()
```


字符串会逐行被赋值到r中（包含改行）。
通过strip()删除末尾的改行。

读取的文件

hello.txt

```
你好
李先生
```

※需要以OS的默认文字编码提前准备好（Windows的话是GBK）。

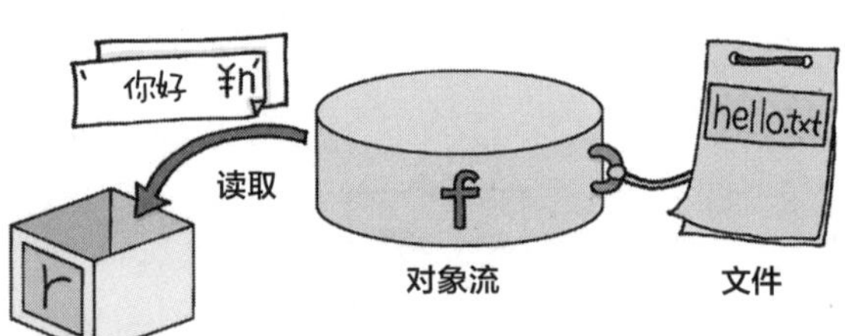

'你好 ¥n'
读取
r
f
hello.txt
对象流
文件

运行结果
你好
李先生

各式各样的读取

在这里介绍其他读取方式。

»仅读取 1 行

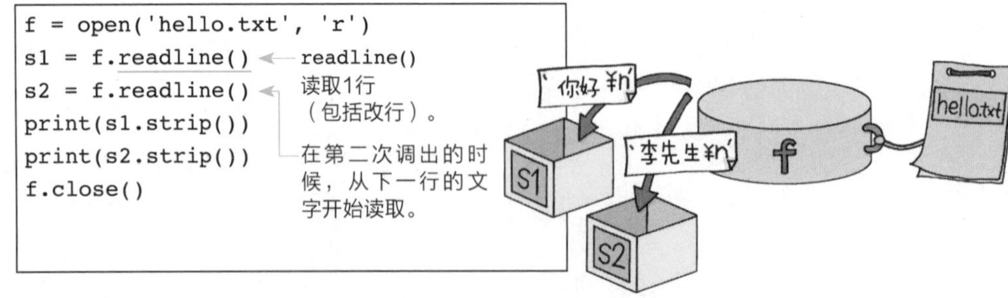

```
f = open('hello.txt', 'r')
s1 = f.readline()
s2 = f.readline()
print(s1.strip())
print(s2.strip())
f.close()
```


readline()读取1行（包括改行）。
在第二次调出的时候，从下一行的文字开始读取。
'你好 ¥n'
'李先生¥n'
s1
s2
f
hello.txt

»只读取指定的字节数

```
f = open('hello.txt', 'r')
print( f.read(3) )
f.close()
```

read()
指定参数后只读取相应的字节数。

你
hello.txt
f
你

»一次性读取全部

```
f = open('hello.txt', 'r')
print( f.read() )
f.close()
```

read()
如果不指定参数，会读取全部内容。

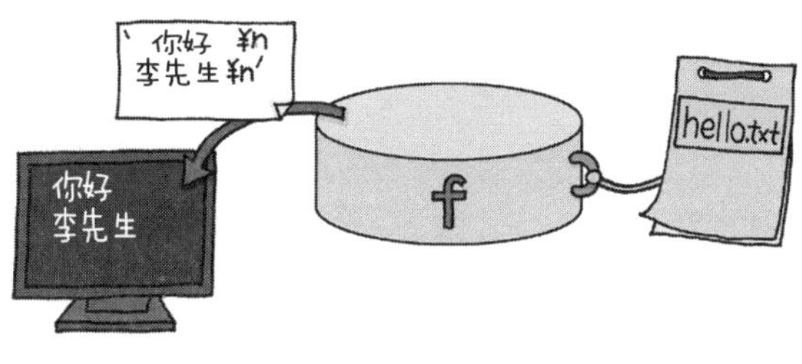

hello.txt
f
你好
李先生

»在列表中读取

```
f = open('hello.txt', 'r')
l = f.readlines()
print( l[0].strip() )
f.close()
```

readlines()
将文件全部读入到列表中。

hello.txt
f
l
[0]
[1]

也可以利用list()函数写成如下形式。

```
f = open('hello.txt', 'r')
l = list(f)
print( l[0].strip() )
f.close()
```

利用list()函数将其读取到列表中。

read()、readline()、readlines()在第一章指定格式的输入输出相关的内容中也有所涉及。

FILE
FILE
FILE

写入到文件

学习如何向文本文件中写入字符吧。当然，也会适当地涉及一部分有关文件的内容。

字符串的写入

向文件中写入字符串时，需要按如下形式进行。

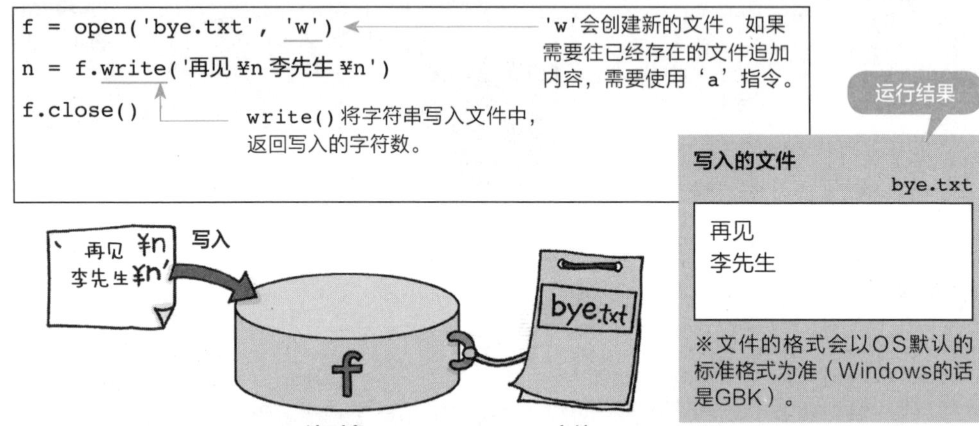
f = open('bye.txt', 'w')
n = f.write('再见 ¥n 李先生 ¥n')
f.close()
'w'会创建新的文件。如果需要往已经存在的文件追加内容，需要使用 'a' 指令。
write()将字符串写入文件中，返回写入的字符数。
'再见 ¥n 李先生 ¥n'
写入
f
bye.txt
流对象
文件

运行结果

写入的文件

bye.txt

```
再见
李先生
```

※文件的格式会以OS默认的标准格式为准（Windows的话是GBK）。

使用了with的写法

在文件读取与写入时，最后有必要使用close()方法来调用文件，但也可以按照下面的形式通过利用自动处理对象的后续步骤的with，省略close()。

读取

```
f = open('f1.txt','r')
for r in f:
    print( r.strip() )
f.close()
```

```
with open('f1.txt','r') as f:
    for r in f:
        print( r.strip() )
```

写入

```
f = open('f2.txt','w')
f.write('File2')
f.close()
```

```
with open('f2.txt','w') as f:
    f.write('File2')
```

文字编码的指定

想要改变文字编码的时候，需要使用**codecs**。

≫读取文件的时候

调用 codecs 模块中的 open() 函数，在第三参数中指定表示文字编码的字符串。

```
import codecs  ←—— 将codecs模块调用。

f = codecs.open('hello8.txt', 'r', 'utf8')
for r in f:
    print( r.strip() )
f.close()
```

读取文件

hello8.txt

```
你好
李先生
```

※UTF-8格式

到读取文件这部分，与前文中提到的完全相同。

运行结果

```
你好
李先生
```

≫文件的写入

和读取一样通过 codecs 模块中的 open() 函数来调出。然而，无法获取写入的文字的字数。

```
import codecs

f = codecs.open('bye8.txt', 'w', 'utf8')
f.write('再见\n李先生\n')
f.close()
```

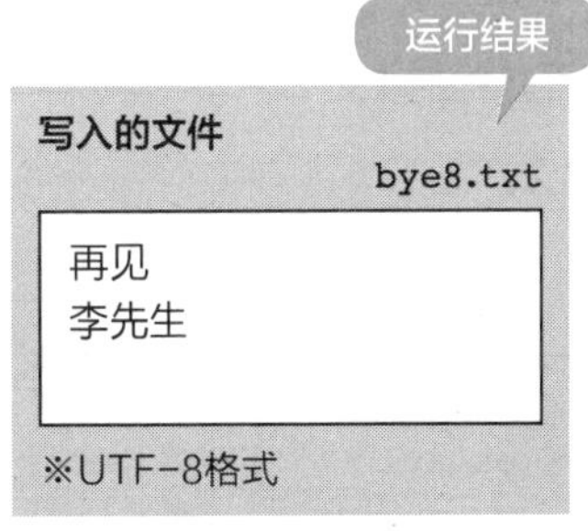
运行结果
写入的文件
bye8.txt
再见
李先生
※UTF-8格式

FILE
FILE
FILE

例外处理

在处理文件的时候十分容易发生各种各样的错误，本节将介绍发生错误时的应对方式。

例外和例外处理

例外(Exception)是指程序在执行时发生的错误。例如，把数值用零做了除法，利用了列表范围之外的数值等情况都会被认为是例外情况。应对这类特殊情景的处理方式被称为例外处理。

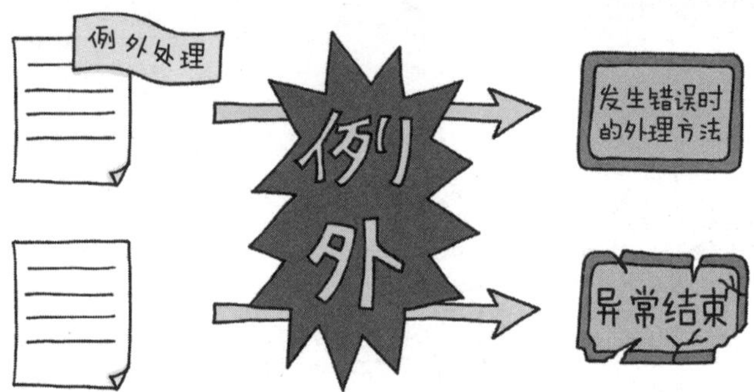
例外处理
例外
发生错误时的处理方法
异常结束

例外处理的方式

» try、except、else

处理一些会出现例外状况的问题时，需要用到 try、except、else 命令。

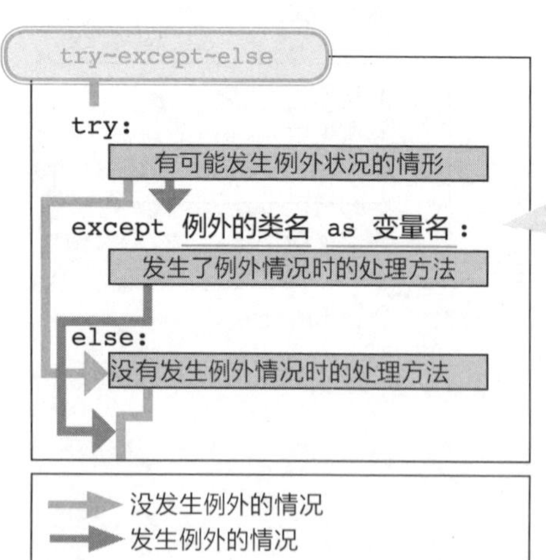
try~except~else
try:
有可能发生例外状况的情形
except 例外的类名 as 变量名:
发生了例外情况时的处理方法
else:
没有发生例外情况时的处理方法
没发生例外的情况
发生例外的情况

例外的类型命名
指定发生的例外的类型。例外的类型名会在发生了错误的时候显示。
例）将数值用零做了除法。
→ZeroDivisionError
在不能确定例外情况的类型的时候，指定为“Exception”即可。
变量名
指定接收到的额外情报的类型。如果不必进行类型指定的话，可以省略“as 变量名”这一部分。

将所有的例外情况都捕捉后，如果并不需要对例外情况进行特殊处理的话，只是简单地记述为“except:”就可以。

让例外状况发生

我们也可以故意让例外状况发生，并在任意时机对这个例外状况进行处理。如果想让例外情况发生，就需要使用到**raise**命令。

```
try:
    ⋮
  raise Exception('例外', '错误')
    ⋮
except Exception as e:
  a1, a2 = e.args
  print('a1 =', a1, 'a2 =', a2)
```

raise 让例外状况发生。

将例外状况列举并且指定（可以指定多个）。

args会成为一个元组。

运行结果

```
a1 = 例外 a2 = 错误
```

例

```
try:
    f = open('foo.txt','r')
    for r in f:
        print( r.strip() )
    f.close()
except FileNotFoundError:
    print('找不到文件')
except Exception as e:
    print(e.args)
```

运行结果（没有foo.txt这个文件的情况）

```
找不到文件
```

样本程序

●替换文件中的字符串

将dog.txt这个文本文件中包含的所有“dog”字符串都替换为“rabbit”后，以rabbit.txt为名保存。

源代码

```
file1 = "dog.txt";
file2 = "rabbit.txt";

str1 = "dog";
str2 = "rabbit";
print('要检索的字符串：', str1)
print('替换后的字符串：', str2)

with open(file1, 'r') as f1:
    with open(file2, 'w') as f2:
        n = 0
        for r1 in f1:
            n += r1.count(str1)
            r2 = r1.replace(str1, str2)
            f2.write(r2)

print(n, '处的字符串被替换')
```

dog.txt 的内容

```
The quick brown fox jumps over the lazy dog.
I like cat and dog.
```

运行结果

```
要检索的字符串：dog
替换后的字符串：rabbit
2 处的字符串被替换
```

rabbit.txt 的内容

```
The quick brown fox jumps over the lazy rabbit.
I like cat and rabbit.
```

●**打卡器**

利用命令行参数（请参考下一页），在文本文档中以当前时刻（请参照附录）录入上班/下班时间。如果不指定命令行参数的话，录入的内容会被显示出来。

源代码

```
from datetime import datetime as dt
import sys

fn = "times.txt"   ← 登记文件的文件名

def appendTime(gowork):   ← gowork如果为真的话是上班，如果为假是下班。
    now = dt.now() #获取现在的时刻
    mode = '上班' if gowork else '下班'
    s = '{} {}/{:2}/{:2} {:02}:{:02}'.format(mode,
        now.year, now.month, now.day, now.hour, now.minute)
    print(s)
    with open(fn, 'a') as fs:
        fs.write(s + '\n'); #将时刻数据写入文件

def listTime():   ← 显示文件内容。
    try:   ← 为避免在没有任何一条记录的时候产生错误。
        with open(fn, 'r') as fs:
            for r in fs:
                print(r, end='')   ← r中包含了改行字符，所以注意不要在这里添加改行字符。
    except:
        print('文件无法读取')

if len(sys.argv) > 1 and sys.argv[1] == 'i':
    appendTime(True)
elif len(sys.argv) > 1 and sys.argv[1] == 'o':
    appendTime(False)
else:
    listTime();
```

运行结果

```
PS >python .\sample7.py i
上班 2018/ 1/26 12:28
PS >python .\sample7.py o
下班 2018/ 1/26 12:29
PS >python .\sample7.py
上班 2018/ 1/26 12:28
下班 2018/ 1/26 12:29
```

命令行参数

※加粗部分是用户录入的文字

COLUMN

～命令行参数～

在本书的前言部分已经介绍了执行Python程序的方法。例如，如果想要执行名为world.py的程序文件，需要在PowerShell等对话框中输入“python world.py”并以回车结束输入。如果想在这个过程中将一些辅助信息传递到程序中的话，需要在命令行的后面指定一些参数。下文就是其中一个例子。

```
PS > python world.py abc 123
```

像这样传递的abc或者123这些参数被称为**命令行参数。**

在程序这一侧接受命令行参数是十分容易的。标准sys模块的argv的命令行参数是一个列表，只需要参照这个列表使用就可以。不过，需要注意的是，这个列表最初的元素是文件名（在这里是world.py）。所以，如果world.py的内容如下：

```
import sys
print(sys.argv)
```

这个代码的运行结果会是：

```
['world.py', 'abc', '123']
```

作为例子，下文是将传递给命令行参数的数字求和的一个小程序。

例

sum.py

```
import sys
f = ""
sum = 0
for s in sys.argv:
    try:
        n = int(s)
        f += s + '+'
        sum += n
    except ValueError:
        try:
            n = float(s)
            f += s + '+'
            sum += n
        except:
            pass
print(f.strip('+'), '=', sum)
```

int() 函数
将参数的字符串转换为整数。如果不能被转换为整数，会返回ValueError。

float() 函数
将参数的字符串转变为实数。如果不能被转换为实数，会返回ValueError。

运行结果

```
PS > python sum.py 123 45.6 890 46.7
123+45.6+890+46.7 = 1105.3
```

※加粗部分是用户录入的文字

8

类和对象

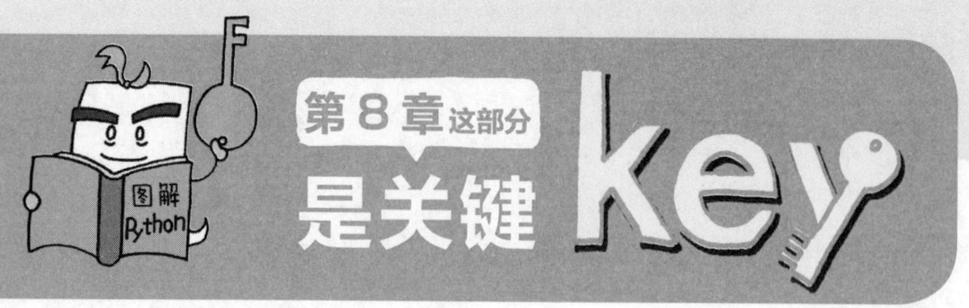
第8章这部分
是关键
key
图解
Python

Python的面向对象

在前文中出现过多次**对象**这个词，我们将在这一章详细地了解相应的原理。编程的思路是，“将相关的数据和处理打包统一管理”，并且将这个包作为一个“物品（对象）”，对其进行自由排列组合，必要的时候再对其进行回收利用，从而组建一个复杂的程序。我们将这种利用打包和组合这些包裹的方式将程序编写出来的方式称为**面向对象型**。所以，Python可以被称为是一种面向对象型的计算机语言。

如果想要创建对象（object），先需要对应的设计图纸，这个图纸被称之为**类**（class）。虽然，“数据”被称之为**成员变量**（field），“处理”被称之为**方法**（method），但是，这些都跟“变量”“函数”基本是同一个东西。只不过方法在被定义的时候，最初的参数必须是代表对象自身的self命令，因此也存在一些不同之处。其他的参数就可以跟函数一样处理了，所以，方法被定义时会比调用的一侧多一个参数。

在方法中存在生成对象的同时会被调用的、被称之为**转换器**的东西。名称前面的类型定义部分与种类无关，均为“__init__”(前后分别两个下划线)。在Python中存在这样一个规则：以“__”开头的成员变量或者方法的对象是不可以从外部引入的。

把握面向对象的特点

面向对象的一个明显的特征就是**继承**，这是将对象的设计图纸——类，继承后，创建一个新的类的机能。在新创建的类（**子类**）中，其父类（**超类**）的方法和成员变量（field）是可以被直接利用的。同时，也存在被称之为方法重写的**覆盖**的功能。

在本章中，也会对其他诸如**属性**、**类方法**、**类变量**等面向对象相关的话题进行详细的讲解。虽然这些都是在面向对象的语言中常见的术语，但是，与JAVA等更加严格的面向对象类型的计算机语言相比，在写法和习惯等方面存在众多独特的地方。不过，不必过多纠结这些问题，只不过是习惯格式会略微有所不同而已。

初识“类”

在前文中也多次提到过“对象”这个概念，本节中我们将先介绍对象的设计图纸——类（Class）。

所谓类

我们将数据和函数等处理命令放在一起的集合称之为**类**。同时，我们将数据称为**成员变量**（field），将可执行的命令称之为**方法**，将这些变量、方法称之为类的成员。

成员变量（数据）
标题
title
定价
Book
price
printPrice()
方法（处理指令）
显示金额

类的定义

将上面的Book类用Python记述的话会如下文所示，这种记述类的方式被称之为类的定义。

类的名称
在此之后记述类的内容。

```
class Book:
    title = '绘卷'
    price = 1680
    def printPrice(self, num):
        print( self.title+ ':', num, '册', self.price * num, '日元' )
```

成员变量：title、price

方法的第一个参数需要被设定为self。

方法：def printPrice(self, num) 部分

成员变量是变量，而方法是和函数相似的东西。

对象

类是一种专门装变量的容器，它本身并不具有被赋值的能力。所以，就需要有以类为蓝本的可以被赋值的某种容器，而这个容器就是**对象**。

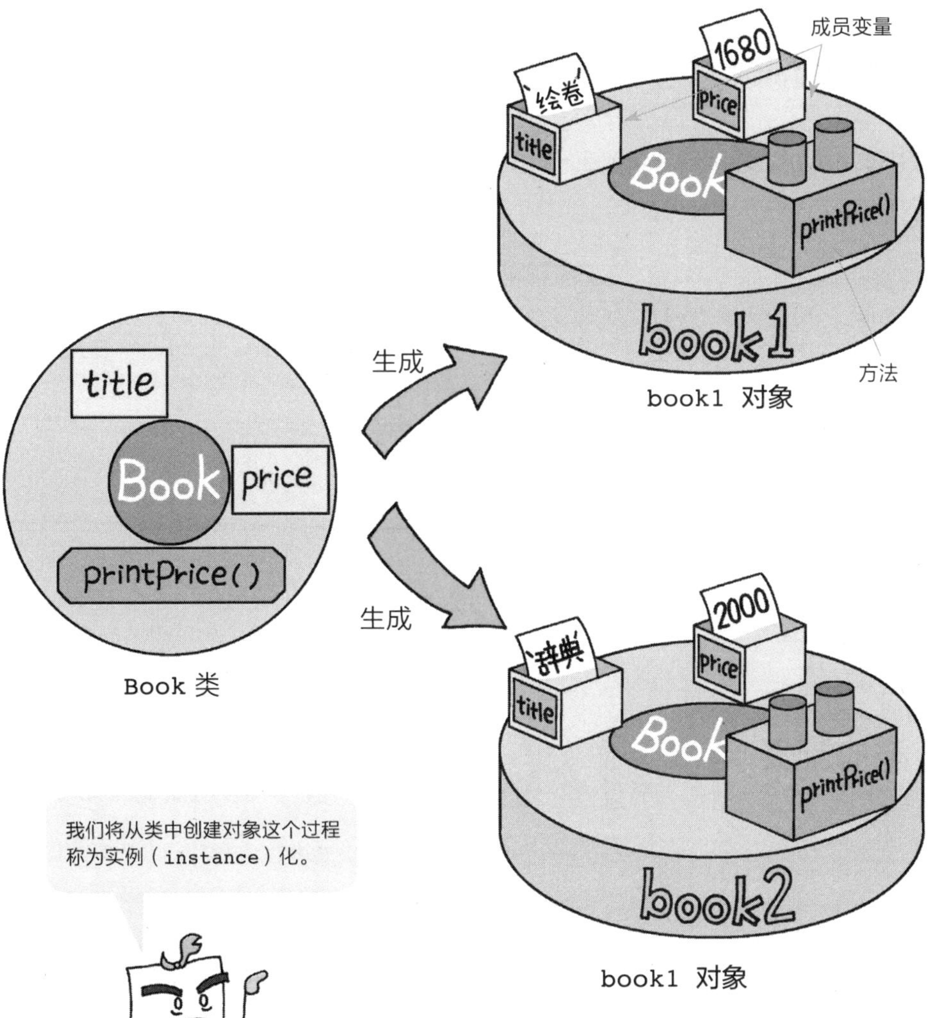

成员变量

1680

绘卷

price

title

Book

printPrice()

book1

方法

生成

book1 对象

title

Book

price

printPrice()

Book 类

生成

2000

辞典

price

title

Book

printPrice()

book2

book1 对象

我们将从类中创建对象这个过程称为实例（instance）化。

各个对象的成员变量中可以放入不同的数据。

对象的创建

在这里介绍从类中创建对象的方法。

对象的创建方法

让我们看一下如何从book类中创建被命名为book 1的对象，并加以利用吧。

```
class Book:
    title = '绘卷'
    price = 1680
    def printPrice(self, num):
        print( self.title+ '：', num, '册', self.price * num, '日元' )

book1 = Book()

book1.printPrice(2)
```

表示自身的对象。（self）

调用成员变量，需要“self.”这个前缀。

类的定义

对象名称（book1）

()是必须要有的。

类名称（Book）

方法的调用

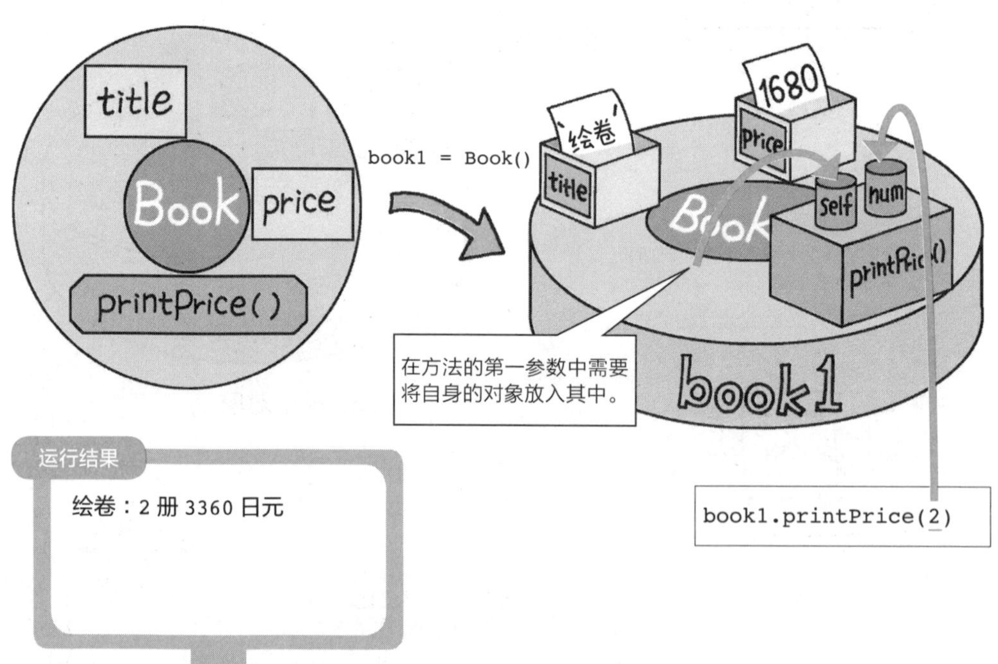

title
Book
price
printPrice()
book1 = Book()
1680
绘卷
price
title
Book
self
num
printPrice()
book1
在方法的第一参数中需要将自身的对象放入其中。
book1.printPrice(2)

运行结果

绘卷：2 册 3360 日元

转换器

在对象中，可以定义一个当对象被创建时可以自动调用的特殊方法，这个方法被称为**转换器**。转换器被用在初始化成员变量等用途。

```
class Book:
    def __init__(self, t, p):
        self.title = t
        self.price = p

    def printPrice(self, num):
        print( self.title+ ':', num, '册', self.price * num, '日元' )

book1 = Book('绘卷', 1680)
book1.printPrice(2)
```

转换器
方法名必须是"__init__"。

通过向转换器中代值的方式对成员变量下定义。

可以向转换器传递值。

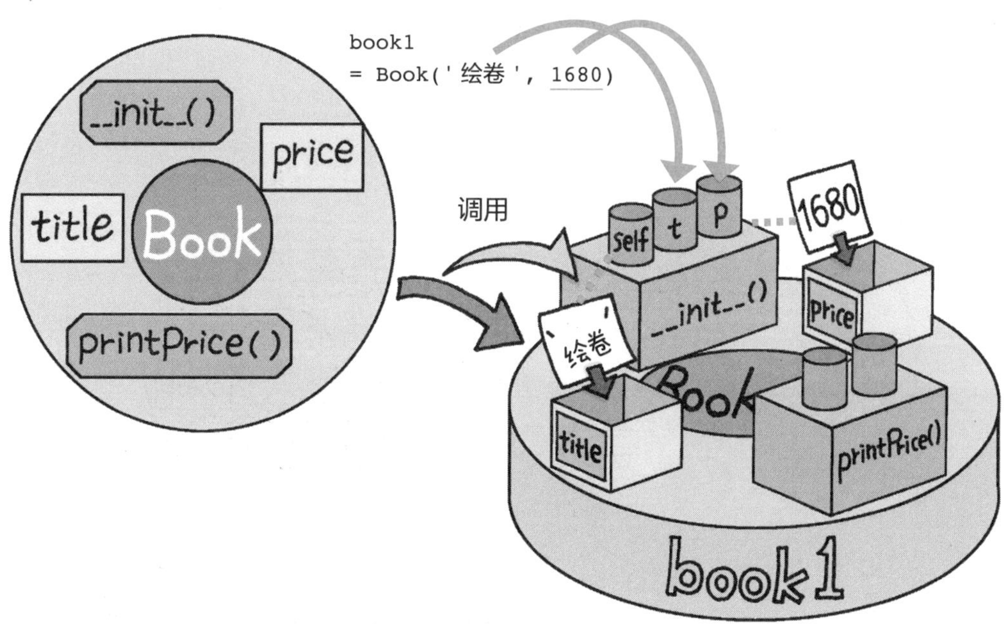

book1
= Book('绘卷', 1680)
__init__()
price
title
Book
printPrice()
调用
self
t
p
1680
绘卷
price
title
Book
printPrice()
__init__()
book1

类的继承

我们一起来了解一下类的继承的思路与记述方法吧。

何为类的继承

类具有继承其他类成员的功能，这个能力被称为**类的继承**。被继承的类为超类（父类），而继承一方的类为子类。

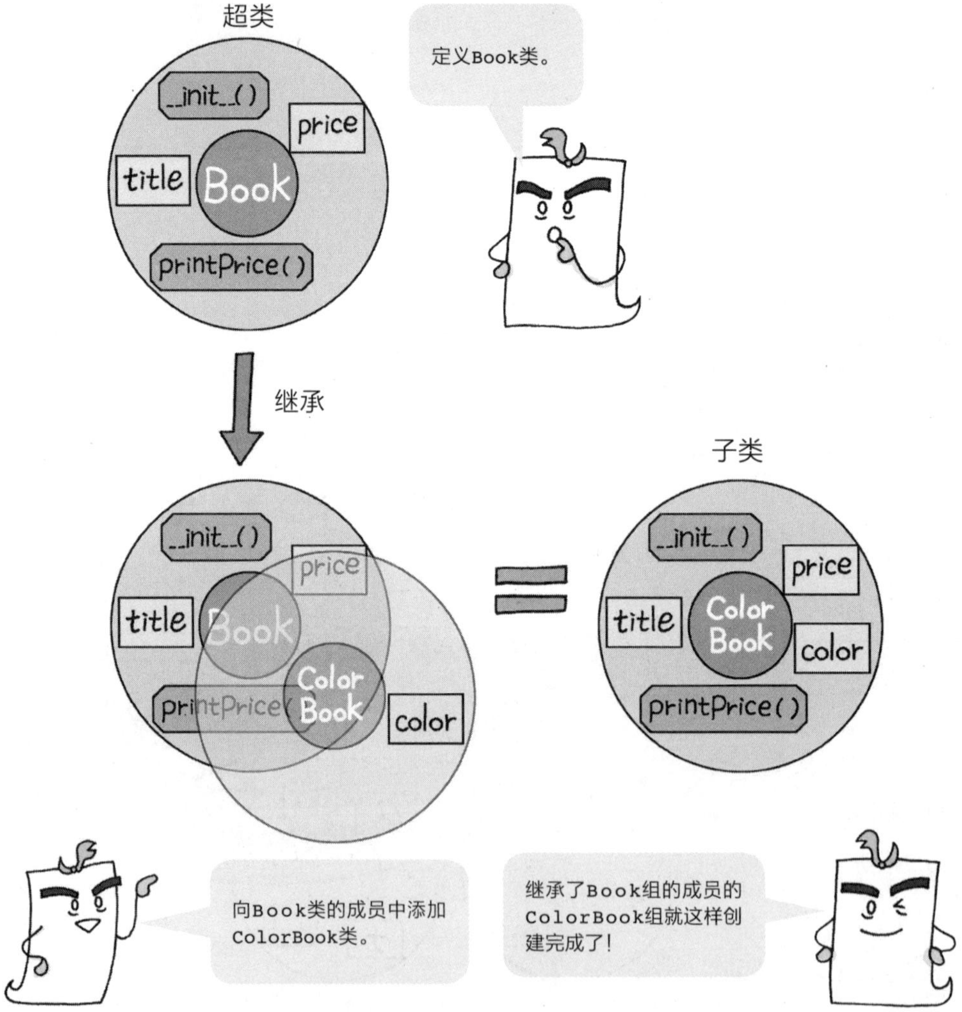

超类
__init__()
price
title
Book
printPrice()
定义Book类。
继承
子类
__init__()
price
title
Book
Color Book
printPrice()
color
__init__()
price
title
Color Book
color
printPrice()
向Book类的成员中添加ColorBook类。
继承了Book组的成员的ColorBook组就这样创建完成了！

继承的定义

想要创建继承后的类，需要如下代码。

```
class Book:                                                    超类
    def __init__(self, t, p):
        self.title = t
        self.price = p
    def printPrice(self, num):
        print( self.title+ '：', num, '册', self.price * num, '日元' )

class ColorBook(Book):                              子类的定义
    color = '紫'      ← 指定超类。

book2 = ColorBook('绘卷', 1680)
↑
子类的对象
```

通过再次继承子类，也可以创建子类。

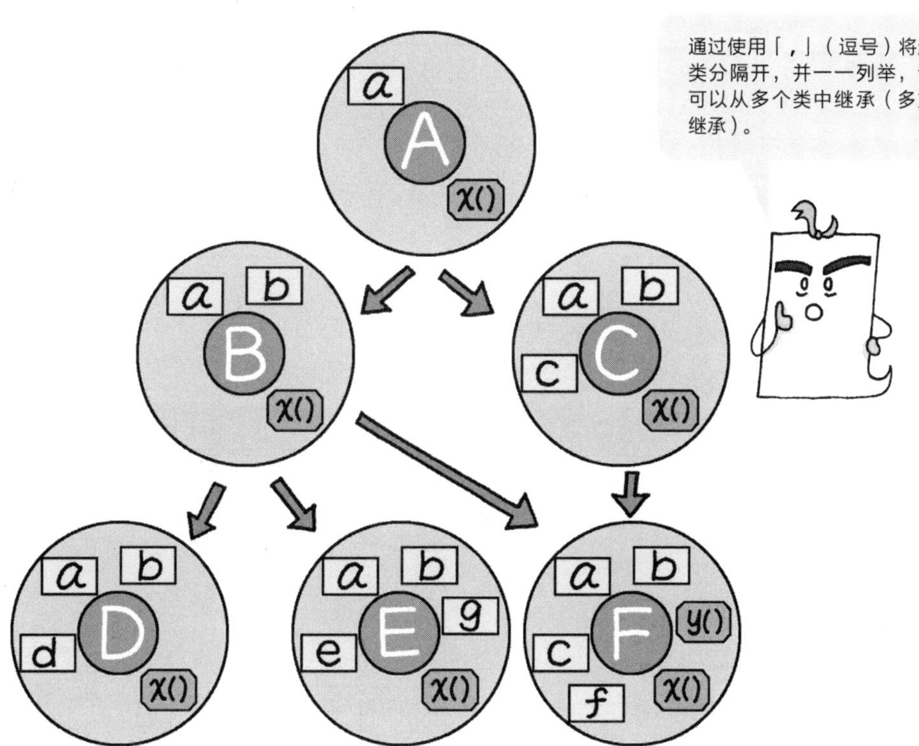

a
A
x()
a
b
B
x()
a
b
C
c
x()
a
b
D
d
x()
a
b
E
g
e
x()
a
b
F
y()
c
f
x()

通过使用「，」（逗号）将超类分隔开，并一一列举，也可以从多个类中继承（多重继承）。

方法重写

超类的方法可以在其子类中将函数处理部分覆写。

什么是方法重写

所谓**方法重写**，是指通过记述一段与继承的方法完全同名的方法，将这个继承过来的方法覆写的操作。

超类的定义

```
class Book:
    def __init__(self, t, p):
        self.title = t
        self.price = p
    def printPrice(self, num):
        print( self.title+ ':', num, '册', self.price * num, '日元' )
```

子类的定义

覆写的方法

```
class ColorBook(Book):
    color = '紫'
    def printPrice(self, num):
        print( self.title+ ':', num, '册', self.price * num, '日元' )
        print( self.color )

book2 = ColorBook('绘卷', 1680)
book2.printPrice(2)
```

运行结果

```
绘卷：2 册 3360 日元
紫
```

被调用的是方法重写。

超类的方法的引用

右边的代码中，即使在子类里也使用着与超类相同的代码，这样使用的效率不高。这时，可以使用super()来调用超类。左边超类的方法重写的定义可以按如下方式记述。

```
def printPrice(self, num):
    super().printPrice(num)  ←调用超类的方法
    print( self.color )
```

关于重载

在面向对象的计算机语言中存在一个与方法重写相似的概念，被称之为重载。这是一种可以定义相同名称不同参数的方法的功能，但是，Python中并不存在重载这个概念。

```
def printPrice(self, num):   这个方法会被下文中的方法覆盖，所以不能被
    ...                      利用。
def printPrice(self):
    ...
```

重载跟继承之间没有联系。

属性(1)

Python 的成员变量可以从任意位置调用或者赋值，使用属性可以有效管理这些变量。

所谓属性

设计一个可以获取、修改、删除对象内部成员变量的值的方法，拥有这些功能的变量被称之为属性。

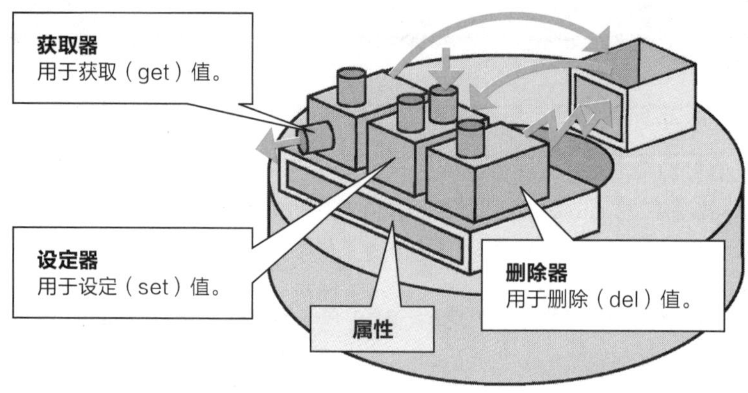

获取器
用于获取（get）值。
设定器
用于设定（set）值。
属性
删除器
用于删除（del）值。

≫隐藏变量

由于Python的成员变量可以从对象外部调用或者代入，所以请尽量避免外界直接访问在属性中所使用的值。如果想实现这样的一个需求，需要在变量名前面添加“__”的前缀。

```
class Book:
    price = 1680
book1 = Book()
book1.price = 2000
```

```
class Book:
    __price = 1680
book1 = Book()
book1.__price = 2000
```

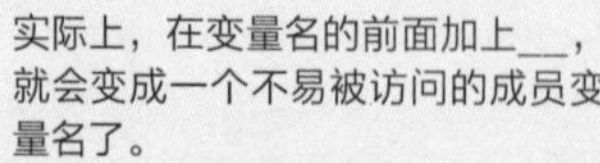

实际上，在变量名的前面加上__，
就会变成一个不易被访问的成员变
量名了。

属性的定义

定义属性的方法有两种，首先介绍使用property()函数的方法。

```
class Book:
    def __init__(self, t, p):
        self.title = t
        self.__price = p  ← 通过添加“__”前缀隐藏。

    def getPrice(self):
        return self.__price        获取器方法

    def setPrice(self, p):
        self.__price = p           设定器方法

    def delPrice(self):
        self.__price = 0           删除器方法
     属性名
    price = property(fget=getPrice, fset=setPrice, fdel=delPrice,
        doc='价格的属性')
                                    property()函数
                                    创建属性。并不需要定义所有的参数。例如，
                                    只设定fget参数的话，就可以创建一个只读的
                                    属性。
        属性的docstring

book1 = Book('绘卷', 1680)
book1.price = 2000  ← 属性的设定 = 设定器方法的调用
print( book1.price )  ← 显示属性的状态 = 获取器方法的调用
del(book1.price)  ← 属性的删除 = 删除器方法的调用
```

利用获取器、设定器、删除器这些方法中的哪一个来处理问题是没有限制的。

属性(2)

在这里介绍装饰模式(decorator)。

利用了装饰模式的属性的定义方式

在Python中存在一种被称为**装饰模式**的以@开头的具有特殊功能的关键字，让我们尝试着用装饰模式定义属性吧。

```
class Book:
    def __init__(self, t, p):
        self.title = t
        self.__price = p

    @property                    ← 声明属性并定义获取器方法
    def price(self):             ┐
        return self.__price      ┘ 获取器方法

    @price.setter                ← 定义设置器（属性名称.setter）
    def price(self, p):          ┐
        self.__price = p         ┘ 设置器方法

    @price.deleter               ← 定义删除器（属性名称.deleter）
    def price(self):             ┐
        self.__price = 0         ┘ 删除器方法
 属性名称
book1 = Book('绘卷', 1680)
book1.price = 2000
print( book1.price )
del(book1.price)
```

在使用了装饰模式的定义方式中，不可以省略获取器的记述。

例

```
class Student:
    def __init__(self, n):
        self.__name = n
        self.__score = 0

    @property
    def name(self):                    ← name是读取专用的属性。
        return self.__name

    @property
    def score(self):
        return self.__score

    @score.setter
    def score(self, score):
        if 0 <= score <= 100:          ← 如果不是0~100的分数的话，会显示错误信息。
            self.__score = score
            print(self.__name, '=', self.__score)
        else:
            print('请将值设定为 0 到 100 之间的数字。')

students = [None]*3                    ← 准备3个空的列表。
students[0] = Student('Alan')
students[1] = Student('Becky')
students[2] = Student('Carl')
students[0].score = 78
students[1].score = 460
students[1].score = 46
students[2].score = 98
for st in students:
    print(st.name, '获得', st.score, '分')
```

运行结果

```
Alan = 78
请将值设定为 0 到 100 之间的数字。
Becky = 46
Carl = 98
Alan 获得 78 分
Becky 获得 46 分
Carl 获得 98 分
```

类方法

本节将介绍类方法和类变量。

所谓类变量

在本章的开头已经提到过：即使是从同一个类中产生的对象，依然可以向其成员变量中赋予不同的值。**类方法**是一种不依赖对象的，迫使相同的类拥有相同的行为的方法。

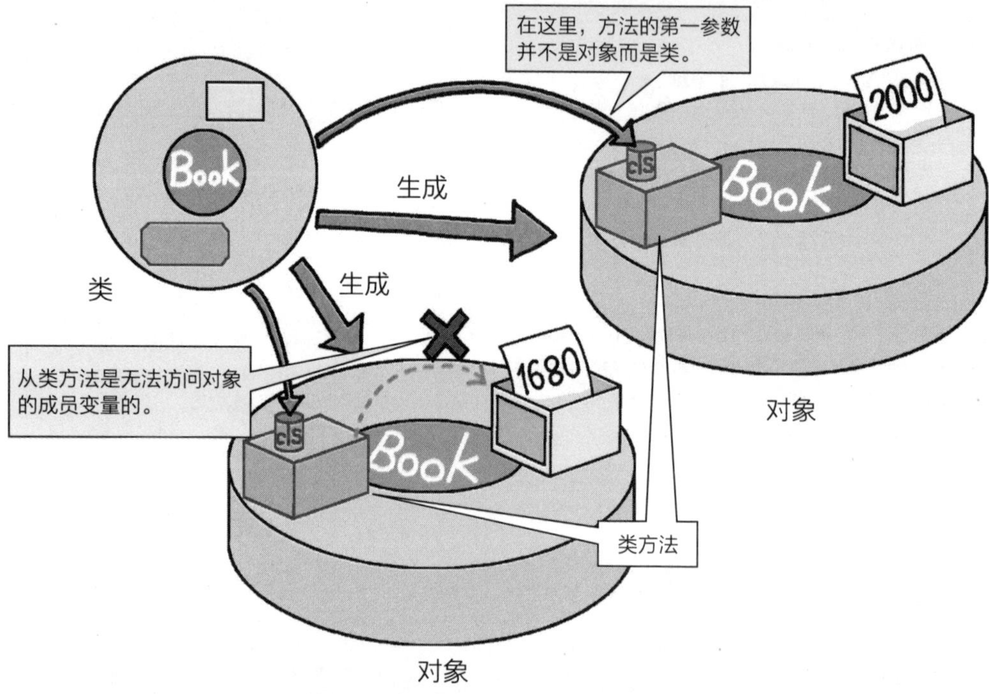

在这里，方法的第一参数
并不是对象而是类。
Book
生成
生成
类
cls
Book
2000
从类方法是无法访问对象
的成员变量的。
cls
Book
1680
对象
类方法
对象

想要定义类方法的话，需要使用装饰模式@classmethod。

```
class Book:
    ...                  表示自己的类。
    @classmethod
    def printMaxNum(cls):
        print(20)        记述一段不依赖对象的处理命令。

Book.printMaxNum()  ←  以“类名称.类方法名称”的形式调用。
```

类变量

让我们回顾一下在本章开头介绍过的代码。生成对象后，向成员变量中赋值，就可以变成如下图所示的状态。

```
class Book:
    title = '绘卷'
    price = 1680
    def printPrice(self, num):
        print( self.title+ ':', num, '册', self.price * num, '日元' )

book1 = Book()
book1.title = '辞典'
book1.price = 2000
book1.printPrice(2)
```

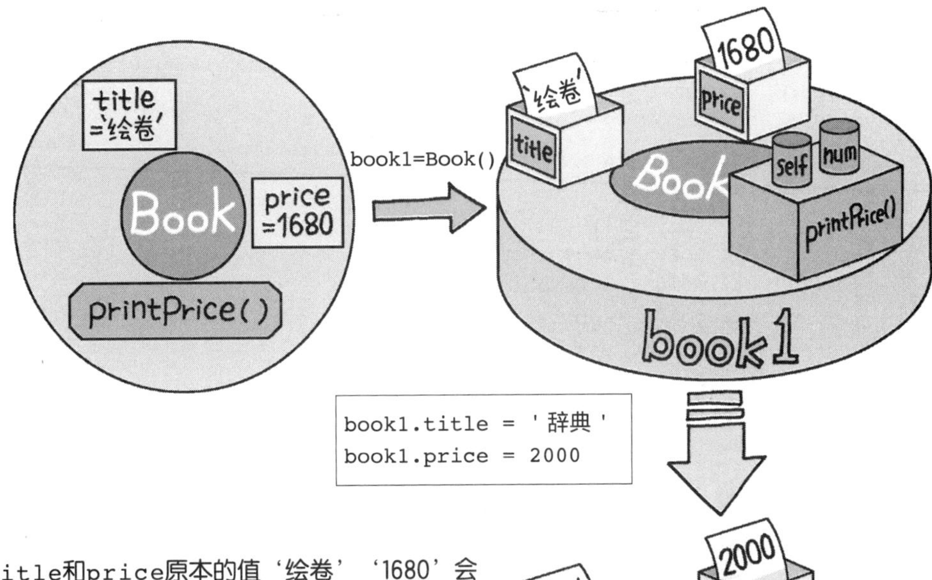

title
='绘卷'
Book
price
=1680
printPrice()
book1=Book()
'绘卷'
title
1680
price
Book
self
num
printPrice()
book1


```
book1.title = '辞典'
book1.price = 2000
```

辞典
title
2000
price
Book
self
num
printPrice()
book1

title和price原本的值‘绘卷’‘1680’会随着新值的代入被覆盖，但是用下文的形式依然可以被调出。

```
print(Book.title)
print(Book.price)
```

以“类名称.变量名称”的形式调出。

这种不依赖对象的变量被称为**类变量**。

样本程序

●水果分类问题

创建表示水果的Fruit类及其子类Apple类、Orange类等，并进行简单的运行测试。

源代码

```
#Fruit 类
class Fruit():
    taste = '好吃！ '
    def __init__(self):
        self.name = '水果'
        self.weight = 0
        self.color = '?'

    def printData(self):
        print('{}：颜色 ={} 重量 ={}g'.format(self.name, self.color, self.
weight))

#苹果 类
class Apple(Fruit):
    def __init__(self, name, weight, color):
        self.name = name
        self.weight = weight
        self.color = color

    @classmethod
    def printTaste(cls):
        print('甜甜的' + cls.taste)

#Orange 类
class Orange(Fruit):
    def __init__(self, weight):
        self.name = '橙子'
        self.weight = weight
        self.color = '橙色'

    @classmethod
    def printTaste(cls):
        print('酸酸的' + cls.taste)
```

由于输出显示味道的printTaste()方法的显示内容在类内是通用的，所以，将其转变为类方法来使用。

```
fruit = Fruit()
fruit.printData()

red_apple = Apple(name='红苹果', weight=280, color='红')
red_apple.printData()
Apple.printTaste()

green_apple = Apple(name='青苹果', weight=250, color='绿')
green_apple.printData()
Apple.printTaste()

orange = Orange(160)
orange.printData()
Orange.printTaste()
```

运行结果

```
水果：颜色 =？ 重量 =0g
红苹果：颜色 =红 重量 =280g
甜甜的好吃！
青苹果：颜色 =绿 重量 =250g
甜甜的好吃！
橙子：颜色 =橘色 重量 =160g
酸酸的好吃！
```

COLUMN

～特殊的方法～

在有关类和对象的本章中，“__init__”方法作为转换器登场过，不过，除此之外也存在其他以两个下划线开始，两个下划线结束的特殊方法。

下文是一个比较字符串的简易程序。因为s1和s2的值并不相同，所以结果自然是会返回失败值。

```
s1 = '甲乙丙'
s2 = '甲乙'
print( s1 == s2 )
```

实际上，在这个比较运算符内部是通过“__eq__”这样的一个方法来实现功能的，所以将最后一行改写为如下形式也是一样的。

```
print( s1.__eq__(s2) )
```

像这样与运算符相对应的方法，除此之外也存在多种。同时，在运算符之外，例如“str()”或者“len()”这样的函数内部也分别对应着“__str__()”“__len__()”这样的表述。

__eq__	==	__lt__	<	__add__	+	__truediv__	/
__ne__	!=	__gt__	>	__sub__	-	__floordiv__	//
		__le__	<=	__mul__	*	__mod__	%
		__ge__	>=			__pow__	**

或者，在自定义某些类的时候，可以通过对“__eq__”这类方法进行重写，从而使运算符拥有一些独特的功能。在下例中如果执行“ms1 == ms2”这样的命令行，__eq__()就会被调用并比较字符串的内容。同时，返回真值。

```
class MyString():
    def __init__(self, text):
        self.text = text
    def __eq__(self, other):
        return self.text == other.text

ms1 = MyString('甲乙丙')
ms2 = MyString('甲乙丙')
print( ms1 == ms2 )
```

如果不存在__eq__()方法的话，“==”会被看做是对象之间的比较。由于，ms1和ms2是两个不同的对象，所以其返回的结果会是失败值。

9

附录

与数学相关的函数

虽然算术水平的计算仅用第二章已学的运算符就已足够，但是如果涉及平方根等数学计算，需要使用 math 模块中的数学函数。

进行数学处理的函数

以下介绍一些主要的数学函数。如果想使用下述函数，需要导入（p.140）标准库中的math模块。

运算符	作用	使用方法	含义
fabs()	绝对值	a = math.fabs(x)	$a = \|x\|$
ceil()	向上取整	a = math.ceil(x)	a = 大于 x 的最小整数
floor()	向下取整	a = math.floor(x)	a = 小于 x 的最小整数
sqrt()	平方根	a = math.sqrt(x)	$a = \sqrt{x}$
exp()	指数	a = math.exp(x)	$a = e^x$
log()	自然对数	a = math.log(x)	$a = \log x$
	对数	a = math.log(x, y)	$a = \log_y x$
pow()	阶乘	a = math.pow(x, y)	$a = x^y$
sin()	正弦	a = math.sin(x)	$a = \sin x$
cos()	余弦	a = math.cos(x)	$a = \cos x$
tan()	正切	a = math.tan(x)	$a = \tan x$

在sin()、cos()、tan()三角函数中，用弧度指定角度。

弧度值由下列公式可以求出。

$$弧度 = \frac{角度[°] \times \pi}{180}$$

使用math模块中的下列函数，可以实现单位间互换。

运算符	作用	使用方法
radians()	角度→弧度	b = math.radians(a)
degrees()	弧度→角度	a = math.degrees(b)

≫常数

math模块里也保存有一些常数，举例来说存在下列几种。

	作用	使用方法
pi	圆周率（3.141592653589793）	a = math.pi
e	自然对数的底数（2.718281828459045）	a = math.e

生成随机数

随机数指一串没有规律的数字。使用程序生成随机数时，使用**random**函数。在使用该函数时，需要导入标准库中的**random模块**。

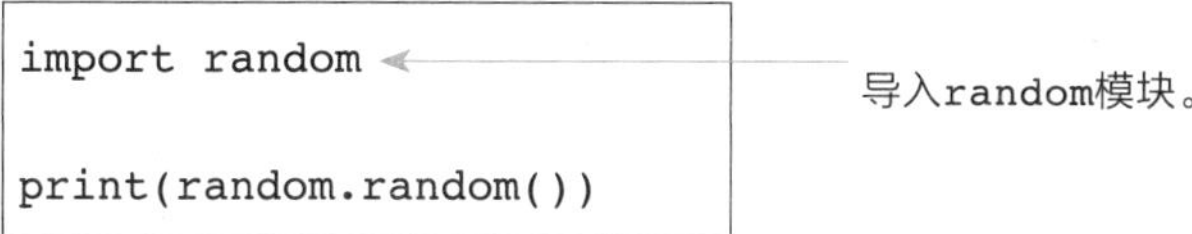

```
import random

print(random.random())
```


导入random模块。

使用random()生成的随机数，是介于0.0到1.0之间的不定实数。因此，如果需要生成0到9之间的整数随机数时，需要将生成随机数扩大到10倍，并舍去小数点之后的数字。

```
math.floor(random.random() * 10)
```


舍去小数点之后的数字。
为使结果为整数，而将生成数乘以10。

也可以使用p.94介绍过的randint()函数。

例

```
import math

deg = 30
rad = math.radians(deg)

s = math.sin(rad)
c = math.cos(rad)
t = math.tan(rad)

print('角度 {} 度'.format(deg))
print('sin {:.5f}'.format(s))
print('cos {:.5f}'.format(c))
print('tan {:.5f}'.format(t))
```

导入math模块。

运行结果

```
角度 30 度
sin 0.50000
cos 0.86603
tan 0.57735
```

日期

处理日期及时间时，使用 datetime 模块。

datetime 模块

标准库中的datetime模块中，存在用来操作日期以及时间的类。让我们一起来看看以下几个例子。

请先导入datetime模块（p.140）。

»处理日期

处理日期数据时，使用可以操作年/月/日的**date**类。使用date类的**today()**属性，可以获取今天的日期。

```
myDay = datetime.date.today()
```

在生成日期时，如下所示输入。

```
myDay = datetime.date(2018, 1, 11)
```

参数形式应为“年/月/日”，这些参数不能省略。

»处理时间

处理时间数据时，使用可以操作时・分・秒・微秒的**time**类。在生成时间时，如下所示输入。

```
myTime = datetime.time(16, 45, 50, 6712)
```

参数形式应为“时/分/秒/微秒”，这些参数可以省略，默认值为“0,0,0,0”。

»处理日期和时间

使用**datetime**类，可以同时处理日期和时间。

获取现在的日期和时间，使用datetime类的**today()**属性，或使用**now()**属性。

```
myDate = datetime.datetime.today()
```

在生成日期时，如下所示输入。

```
myDate = datetime.datetime(2018, 1, 11, 16, 45, 50, 6712)
```

参数形式应为“年/月/日”，这些参数不能省略。

参数形式应为“时/分/秒/微秒”，这些参数可以省略，默认值为“0,0,0,0”。

也可以单独获取年/月/日等的值。

例

```
import datetime          ← 导入datetime模块。

myDate = datetime.datetime.today()
wlist = ('一', '二', '三', '四', '五', '六', '日')

y = myDate.year
m = myDate.month
d = myDate.day
h = myDate.hour
mn = myDate.minute
s = myDate.second
w = wlist[myDate.weekday()]

print('现在时间', myDate)
print('ISO8601格式', myDate.isoformat())
print('今天是', y, '年', m, '月', d, '日', w, '星期', \
'现在', h, '时', mn, '分', s, '秒。',sep = '')
```

这些属性分别显示下列表中内容。

weekday() 属性
以整数形式返回星期几（0~6，以周一为0）。

isoformat() 属性
形以ISO8601格式返回时间与日期。（YYYY-MM-DDTHH:MM:SS.mmmmmm等）

year	年（1 ~ 9999）	hour	时（0 ~ 23）
month	月（1 ~ 12）	minute	分（0 ~ 59）
day	日（1 ~ 31）	second	秒（0 ~ 59）
		microsecond	微秒（0 ~ 999999）

运行结果

```
现在时间 2018-01-12 11:50:25.383799
ISO8601格式 2018-01-12T11:50:25.383799
今天是2018年1月12日星期五，现在11时50分25秒。
```

数据分析

介绍处理 CSV、XML、JSON 格式文件的方法。

CSV 文件

使用标准库中的csv模块，可以简单便捷地新建、读取csv格式文件。

»新建 CSV 文件

新建csv文件时，如下所示输入。

```
import csv

drinks = [['tea', 500], ['coffee', 600], ['juice', 800]]

with open('drinks.csv', 'w', encoding='shift_jis') as f:
    writer = csv.writer(f, lineterminator='\n')
    writer.writerows(drinks)
```

- `import csv`：导入csv模块。
- `drinks = ...`：准备二维数据（列表型）。
- `with open(...)`：打开文件。编码格式使用GBK。
- `writer.writerows(drinks)`：使用writer对象的writerows()属性，新建CSV文件。
- `csv.writer(...)`：使用CSV模块的writer()属性，生成writer对象。这时如果不在段尾添加\n，则数据每行之间将会空出一行。

将生成如下所示的csv文件。

drinks.csv

```
tea,500
coffee,600
juice,800
```

※GBK格式

数据为一维时，使用writer.writerow()属性（最后不加s）。

»读取 CSV 文件

读取上文中新建的CSV文件时，请如下所示进行操作。

```
import csv

with open('drinks.csv', 'r', encoding='shift_jis') as f:
    reader = csv.reader(f)

    for row in reader:
        print(row)
```

- `import csv`：导入CSV模块。
- `with open(...)`：打开文件。
- `csv.reader(f)`：使用csv模块的reader()属性，生成reader对象。
- `for row in reader: print(row)`：使用reader对象，以行为单位读取csv格式的数据。

运行结果

```
['tea', '500']
['coffee', '600']
['juice', '800']
```

XML 文件

使用标准库中的xml.etree.ElementTree模块，可以对XML文件进行解析。首先，准备以下XML文件的范例。

drinks.xml

```
<drinks>
    <drink>
        <name>tea</name>
        <price>500</price>
    </drink>
    <drink>
        <name>coffee</name>
        <price>600</price>
    </drink>
    <drink>
        <name>juice</name>
        <price>800</price>
    </drink>
</drinks>
```

※编码格式使用UTF-8。

≫读取 XML 文件

读取上文的XML文件，如果要把drink元素里含有的name元素全部显示出来，则需要进行如下所示的操作。

```
import xml.etree.ElementTree as ET

tree = ET.parse('drinks.xml')

drink_names = tree.findall('drink/name')
for drink_name in drink_names:
    print(drink_name.text)
```

导入xml.etree.ElementTree模块。

读取XML文件。

查找drink元素里的name元素。

显示各个name元素中的内容。

运行结果

```
tea
coffee
juice
```

1 编程基础
2 运算符
3 列表
4 流程控制语句
5 函数
6 字符串
7 文件和例外处理
8 类和对象
9 附录

≫编辑 XML 文件

要编辑XML文件中某个特定元素的内容，按照如下所示操作。在下文中，尝试把name元素中存在的juice文字重新编辑为beer。

```
import xml.etree.ElementTree as ET

tree = ET.parse('drinks.xml')
drink_names = tree.findall('drink/name')

for drink_name in drink_names:
    if drink_name.text == 'juice':
        drink_name.text = 'beer'

tree.write('drinks.xml')
```

name元素的内容为‘juice’时，代入‘beer’。

写入树。

生成如下所示的CSV文件。

drinks.xml

```
       :
   <drink>
       <name>beer</name>
       <price>800</price>
   </drink>
       :
```

juice已被替换为beer。

解析XML文件时，使用ElementTree对象的parse( )属性；解析内存变量中出现的XML字符时，使用fromstring( )属性。

JSON文件

使用标准库中的JSON模块，可以简单便捷地新建、读取JSON格式的文件。

»新建 JSON 文件

新建JSON文件时，如下所示输入。

```
import json

drinks = {'tea':500, 'coffee':600, 'juice':800,
        'liquor':['啤酒','红酒']}

with open('drinks.json', 'w', encoding='utf-8') as f:
    json.dump(drinks, f, indent=4, ensure_ascii=False)
```

导入json模块。

准备辞典型数据。

使用json模块的dump( )属性，输出JSON文件。

首行文本缩进值设为4。

ensure_ascii=True时，非ASCII字符会进行escape编码，即以如下格式输出：（例）\u30d3\u30fc\u30eb
ensure_ascii=False时，非ASCII字符则保持原始状态输出。（例）啤酒。

将生成如下所示的JSON文件。

drinks.json

```
{
    "tea": 500,
    "coffee": 600,
    "juice": 800,
    "liquor": [
        "啤酒",
        "红酒"
    ]
}
```

虽然JSON是JavaScript Object Notation的缩写，但它并不是JavaScript的专用文件格式。

»读取 JSON 文件

如果想要读取上文中制作的JSON文件，需要如下操作。

```
import json

with open('drinks.json', 'r', encoding='utf-8') as f:
    drinks = json.load(f)
    print(drinks)
```

使用json模块的load()属性，读取JSON文件。

运行结果

```
{'tea': 500, 'coffee': 600, 'juice': 800,
 'liquor': ['啤酒', '红酒']}
```

服务器端程序设计

使用 Python，编写 Web 服务器上运行的 CGI 程序。

在开始 CGI 之前

CGI（Common Gateway Interface，通用网关接口）指根据网络浏览器的要求，在web服务器上运行程序的一段程序。在web服务器上运行的程序其本身也可以被称作CGI。使用CGI，可以制作根据要求的不同而随之改变的网页。在Python中，也可以编写CGI程序。

在WWW（WORLD WIDE WEB，万维网）上提供信息服务的计算机或应用程序，叫做Web服务器。

» web 服务器与数据库

web服务器分为Apache、IIS等多种类型。在本书中，使用的是Apache。Apache包含在免费公开的安装包XAMPP中。请先在自己的个人电脑中安装XAMPP（Windows版）（关于XAMPP的安装方法，请参考p.203）。在xampp-control中点击[start]，来启动Apache。

此外，本次编写的程序中，采用了包含在XAMPP中的一种名叫SQLite3的简易数据库进行数据保存。在数据库与对应值之间的更新等使用了SQL语句。若想进一步了解SQL，请参考《SQL的绘卷》等书籍。

»文档根目录

在浏览器的地址栏里输入`http://localhost/`，可以浏览的目录叫做**文档根目录**。若XAMPP安装在“`C:\xampp`”时，文档根目录为“`C:\xampp\htdocs`”。

本次编写的CGI程序中，将在文档根目录下新建并保存一个名为“python book”的目录。

»权限

权限是文件及目录的属性。若想把 CGI 程序的文件保存在服务器上，需要设定其运行权限。

编写 CGI 程序

让我们来使用Python编写一个可以当做简易论坛的CGI程序。打开完成的CGI程序，写上名称和评论，按下【发送】按钮，就可以将写下的评论全文保存并发送出去。

本程序的文件名命名为bbs_sample.cgi（扩展名是.cgi）。

bbs_sample.cgi

```
#!C:¥Python36¥python.exe

import sys
import io
import cgi
import html
import sqlite3

def getInputData():

    form = cgi.FieldStorage()
    name = form.getfirst('name')
    comment = form.getfirst('comment')

    conn = sqlite3.connect('python_ehon_db')
    cursor = conn.cursor()

    try:
        cursor.execute("CREATE TABLE IF NOT EXISTS "
        + "bbs_table(id integer primary key, name text, comment text)")

        cursor.execute("INSERT INTO "
        + "bbs_table(name, comment) VALUES(?, ?)", (name, comment))

    except sqlite3.Error as e:
        print('sqlite3 error.')

    conn.commit()

    conn.close()
```

- `#!C:¥Python36¥python.exe`：写在第一行。请注意需要和Python的安装路径保持一致。使用Powershell时，可以用“gcm-syntax python”等进行查询。
- `def getInputData():`：用于接收数据保存在数据库的属性。
- `form = cgi.FieldStorage()` ～ `comment = form.getfirst('comment')`：获取表单中输入的内容。
- `conn = sqlite3.connect('python_ehon_db')`：连接数据库。
- `cursor.execute("CREATE TABLE IF NOT EXISTS " + "bbs_table(...)")`：生成表格。
- `cursor.execute("INSERT INTO " + "bbs_table(name, comment) VALUES(?, ?)", (name, comment))`：将输入的数据加入数据库。
- `print('sqlite3 error.')`：发生错误时运行。
- `conn.commit()`：确定数据变更。
- `conn.close()`：关闭数据库。

```
def dispInputArea():  ← 显示输入表单的属性。

    print('''<form name="form" action="bbs_sample.cgi" method="post">
    <table>
        <tr>
            <td colspan="2" style="text-align:center">简易论坛</td>
        <tr>
            <td>名称</td>
            <td><input type="text" size="30" name="name"></td>
        </tr>
        <tr>
            <td>评论</td>
            <td><textarea cols="50" rows="5"
            name="comment"></textarea></td>
        </tr>
    </table>
    <input type="submit" value="发送">
    </form>''')

def dispOutputArea():  ← 用于将写入的数据以列表型显示的属性。

    conn = sqlite3.connect('python_ehon_db')
    cursor = conn.cursor()

    try:
        cursor.execute("SELECT * FROM bbs_table")  ← 获取全部已写入的数据。
        rows = cursor.fetchall()

    except sqlite3.Error as e:
        print('sqlite3 error.')

    conn.commit()
    conn.close()

    if rows is not None:
        print('<ul>')
        for row in rows:
            if row[1] is not None and row[2] is not None:
                print('<li>' + html.escape(row[2]))
                print(' --- ' + html.escape(row[1]) + '</li>')

        print('</ul>')                  ← 将写入的数据以列表型显示。
sys.stdout = io.TextIOWrapper(sys.stdout.buffer, encoding='utf-8')
                                       ↑ 以UTF-8格式输出。
print('Content-Type: text/html; charset=UTF-8¥n')
                                       ↑ \n必须要有。
print('<html lang="ja"><head><title>简易论坛</title></head>')
print('<body>')

getInputData()
dispInputArea()
dispOutputArea()
print('</body></html>')
```

运行 CGI 程序

请把编写完成的CGI程序（bbs_sample.cgi）保存在文档根目录下的“pythonbook”目录下。

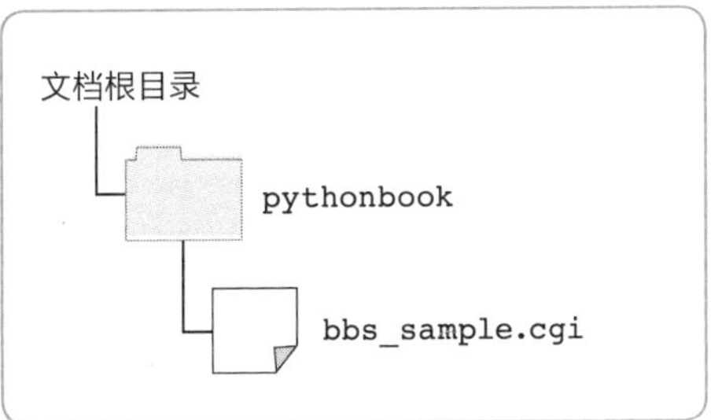
文档根目录
pythonbook
bbs_sample.cgi

打开浏览器，在地址栏中输入“http://localhost/pythonbook/bbs_sample.cgi”。

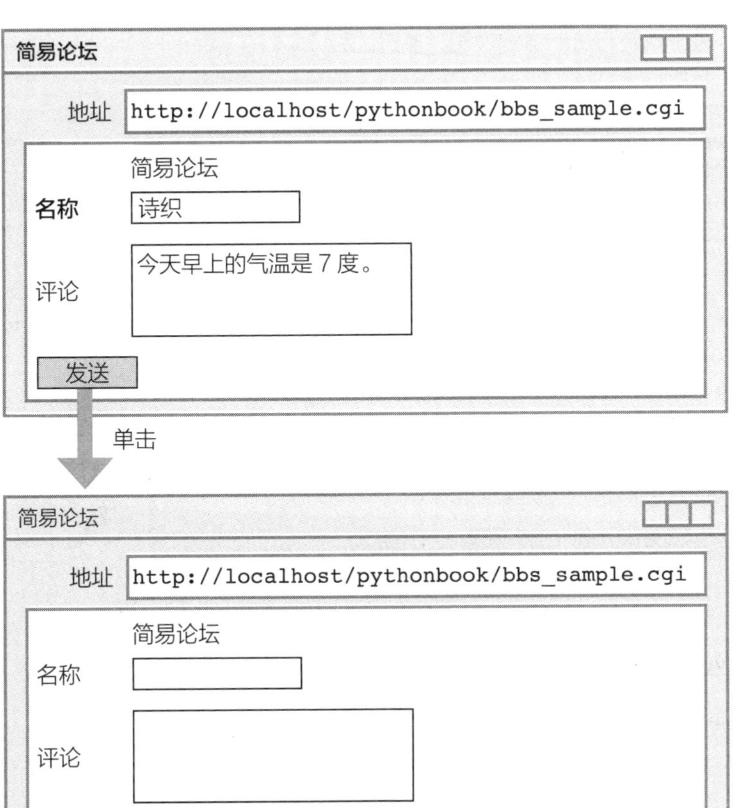
简易论坛
地址
http://localhost/pythonbook/bbs_sample.cgi
简易论坛
名称
诗织
今天早上的气温是 7 度。
评论
发送
单击
简易论坛
地址
http://localhost/pythonbook/bbs_sample.cgi
简易论坛
名称
评论
发送
・今天早上的气温是 7 度。--- 诗织

网络爬虫

使用 Python，编写获取 Web 服务器上信息的程序。

在开始网络爬虫之前

所谓网络爬虫，指的是一种通过程序浏览网页，筛选并获取所需信息的技术。使用Python，可以简单便捷地编写网络爬虫程序。

≫必需的模块

在Python中，已经包含有多个可以便于编写网络爬虫软件的模块。本书中使用requests和BeautifulSoup这两个模块。在开始之前，需要通过pip命令预先安装好requests和BeautifulSoup的库（关于安装方法的详细说明，参考p.201）。

```
pip install requests

pip install beautifulsoup4
```

在命令提示符下，进行这两个命令。

注意事项

- 在进行网络爬虫时，请遵守对应网站的使用规定和浏览限制。
- 如果在短时间内连续运行网络爬虫程序，将会给浏览网站的服务器造成极大负担。请至少以约 10 秒左右的时间间隔运行程序。
- 请在不违反著作权法的范围内使用获得的网页信息。

编写网络爬虫程序

首先，使用requests，编写可以获取网页上所有HTML内容的程序。程序如下所示：浏览翔泳社的“近期出版书籍”页面，输出页面的HTML内容。

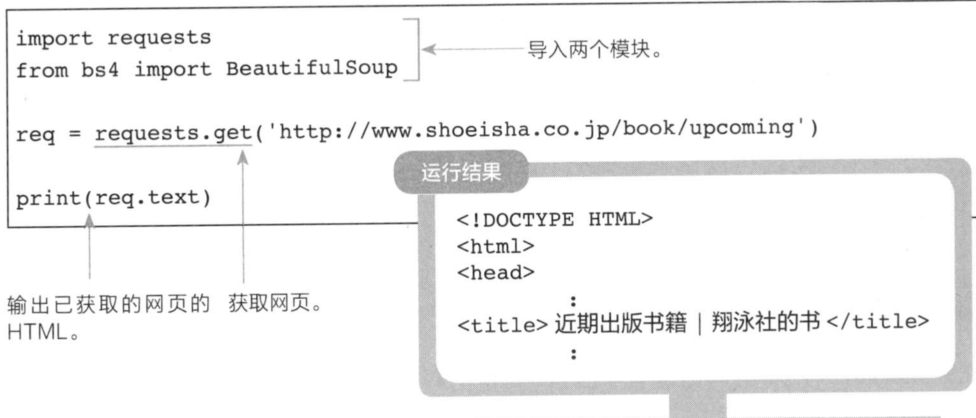
import requests
from bs4 import BeautifulSoup
导入两个模块。
req = requests.get('http://www.shoeisha.co.jp/book/upcoming')
print(req.text)
运行结果
<!DOCTYPE HTML>
<html>
<head>
:
<title> 近期出版书籍 | 翔泳社的书 </title>
:
输出已获取的网页的HTML。
获取网页。

本页的HTML内容如下所示。

```
<!DOCTYPE HTML>
<html>
<head>
      :
<title> 近期出版书籍 | 翔泳社的书 </title>
      :
<h1> 近期出版书籍 </h1>
<section>
  <div class="column">
    <ul class="list-unstyled">
      <li><span class="date">2018.01.25 出版 </span>
      <a href="/book/detail/901801">
      MarkeZine 2018 年 01 月号 </a></li>
       :
      <li><span class="date">2018.02.16 出版 </span>
      <a href="/book/detail/9784798155135">
      Python 绘卷  快乐学习 Python 的 9 个诀窍 </a></li>
       :
    </ul>
  </div>
</section>
      :
```

出版日期

书籍名称

可以看出，近期出版书籍的一览表在class="column"的<div>元素内。此外还可以看出，各书籍的信息在<li>元素内，出版日期在<span>元素内，书籍名称在<a>元素内。在这些信息的基础上，将获取的HTML内容使用BeautifulShop进行分析，来显示出版日期和书籍名称的一览表。

```
import requests
from bs4 import BeautifulSoup

req = requests.get('http://www.shoeisha.co.jp/book/upcoming')
soup = BeautifulSoup(req.text, 'html.parser')

div = soup.find('div', {'class':'column'})

for book in div.findAll('li'):
    print(book.find('span').get_text() + ':')
    print(book.find('a').get_text())
```

分析HTML。

获取class属性为'column'的<div>的内容。

上文中获取的<div>中，全部获取<li>的内容。

输出出版日期和书籍名称。

运行结果

```
2018.01.25 出版：
MarkeZine 2018 年 01 月号
        :
2018.02.16 出版：
Python 绘卷   快乐学习 Python 的 9 个诀窍
       :
```

※ 本书中的网络爬虫程序是基于现在（2018 年 1 月）的网页基础上编写的。如果 URL 及网页内容产生变动，则存在无法正常使用的可能。

网络爬虫的范例

编写如下作用的程序：根据用户输入的关键词，在翔泳社的“书籍检索”页面检索书籍，并输出检索结果。

例

```
import requests
from bs4 import BeautifulSoup

print('请输入需要检索的书籍的关键词：')
str = input()                                    ← 接收用户输入。
sach={}
sach['search'] = str                             ← 生成参数。
url = 'http://www.shoeisha.co.jp/search'
req = requests.get(url, params = sach, timeout = 1)   ┐ ← 获取网页信息并进
soup = BeautifulSoup(req.text, 'html.parser')         ┘   行分析。
                       ↑设定参数。      ↑超时时间设为1秒。
print('\n检索结果：\n')
for book in soup.findAll('div', {'class':'textWrapper'}):
    print(book.find('a').get_text().strip().replace('    ', ''))
```

内容将<a>中的内容，删除多余空格后进行输出。

获取全部的class属性为'textWrapper'的<div>内容。

运行结果

```
请输入需要检索的书籍的关键词:
绘卷                       ← 键盘输入的关键词

检索结果：

Python 绘卷　快乐学习 Python 的 9 个诀窍
C# 绘卷 第 2 版　快乐学习 C# 的全新的 9 个诀窍
电子书籍 C# 绘卷 第 2 版　快乐学习 Python 的全新的 9 个诀窍
            :
```

将翔泳社书籍中含有“绘卷”二字的书籍名称，以一览表形式显示。

Python 的安装

讲解 Python 的下载与 Windows 环境下的安装顺序。

关于安装

本书使用了Python 3.6.3的Windows 64bit版。安装Python的方式，有从互联网安装，也有下载文件到本地后安装等多种安装方式。本书将介绍从互联网安装上述版本的详细操作。

同时，将根据写作时间（2018年1月）时的URL和网页设计与目录进行解说。

安装 Python

≫下载安装工具

首先，从Python的官方网站下载安装工具。

```
https://www.python.org/
```

浏览上述网页，将打开如下界面。

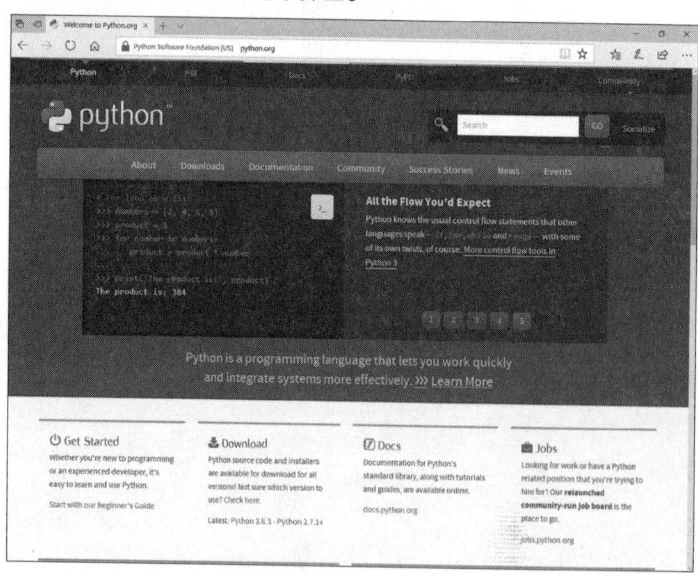
python
About
Downloads
Documentation
Community
Success Stories
News
Events
All the Flow You'd Expect
Python is a programming language that lets you work quickly
and integrate systems more effectively. >>> Learn More
Get Started
Download
Docs
Jobs

本次希望使用64bit版的Python，将鼠标指针移动到上端菜单中的[Downloads]上，在打开的二级菜单中选择并单击[Windows]。

※点击右边栏的[Download for Windows]中的[Python 3.6.3]，将下载32bit版的完整程序安装包。

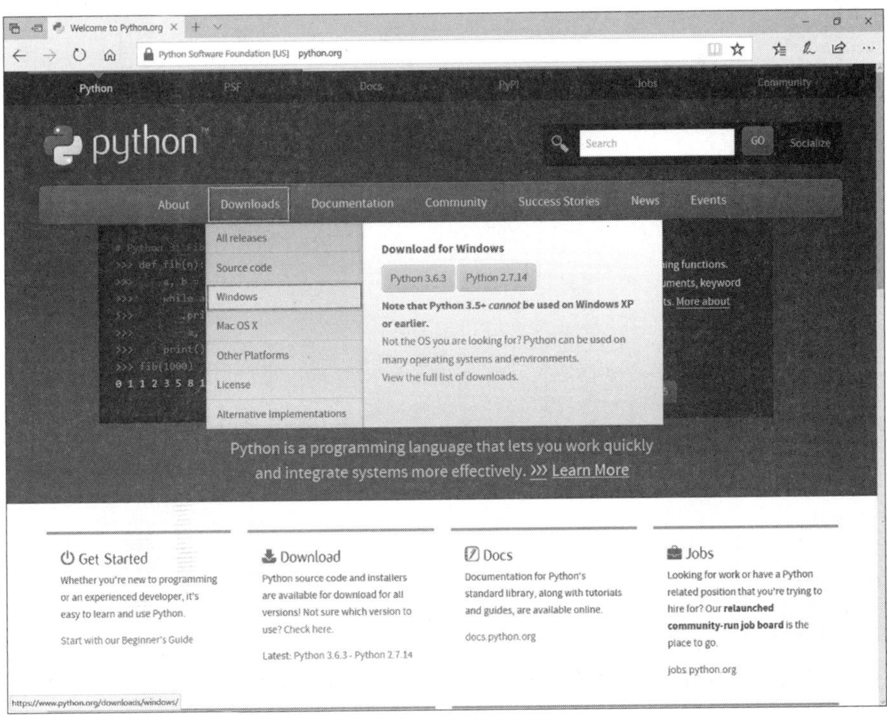

Welcome to Python.org
Python Software Foundation [US] python.org
Python
PSF
Docs
PyPI
Jobs
Community
python
Search
GO
Socialize
About
Downloads
Documentation
Community
Success Stories
News
Events
All releases
Source code
Windows
Mac OS X
Other Platforms
License
Alternative Implementations
Download for Windows
Python 3.6.3
Python 2.7.14
Note that Python 3.5+ cannot be used on Windows XP or earlier.
Not the OS you are looking for? Python can be used on many operating systems and environments.
View the full list of downloads.
Python is a programming language that lets you work quickly and integrate systems more effectively. >>> Learn More
Get Started
Whether you're new to programming or an experienced developer, it's easy to learn and use Python.
Start with our Beginner's Guide
Download
Python source code and installers are available for download for all versions! Not sure which version to use? Check here.
Latest: Python 3.6.3 - Python 2.7.14
Docs
Documentation for Python's standard library, along with tutorials and guides, are available online.
docs.python.org
Jobs
Looking for work or have a Python related position that you're trying to hire for? Our relaunched community-run job board is the place to go.
jobs.python.org
https://www.python.org/downloads/windows/

在[Python Releases for Windows]页面的一览表中，选择[Python 3.6.3-Oct.3，2017]下的[Download Windows x86-64 web-based installer]并单击，将安装工具下载到任意指定位置。

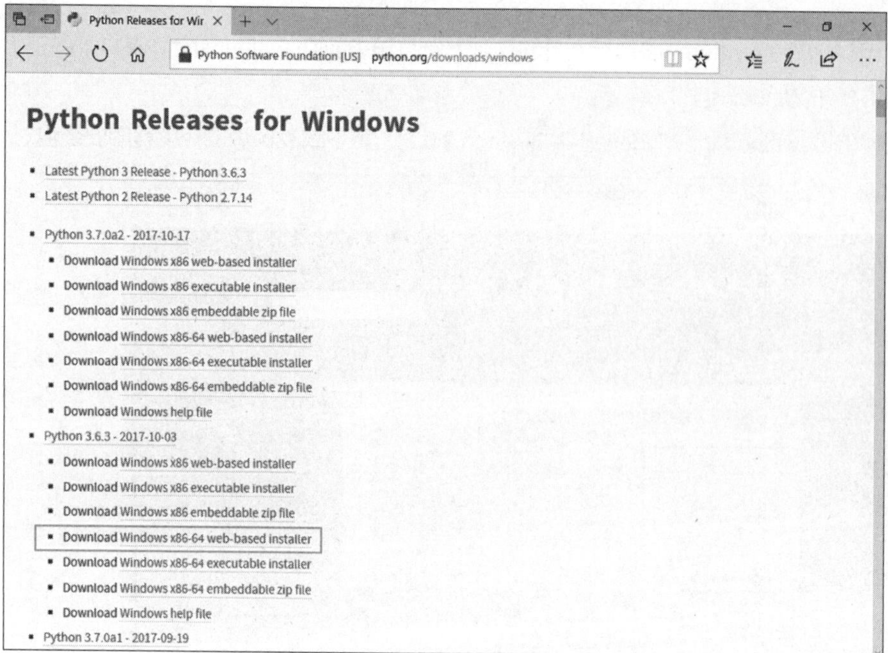
Python Releases for Wir
Python Software Foundation [US] python.org/downloads/windows
Python Releases for Windows
Latest Python 3 Release - Python 3.6.3
Latest Python 2 Release - Python 2.7.14
Python 3.7.0a2 - 2017-10-17
Download Windows x86 web-based installer
Download Windows x86 executable installer
Download Windows x86 embeddable zip file
Download Windows x86-64 web-based installer
Download Windows x86-64 executable installer
Download Windows x86-64 embeddable zip file
Download Windows help file
Python 3.6.3 - 2017-10-03
Download Windows x86 web-based installer
Download Windows x86 executable installer
Download Windows x86 embeddable zip file
Download Windows x86-64 web-based installer
Download Windows x86-64 executable installer
Download Windows x86-64 embeddable zip file
Download Windows help file
Python 3.7.0a1 - 2017-09-19

》安装

下载结束后开始安装。

勾选[Add Python 3.6 to PATH]，单击[install now]。

※勾选[Add Python 3.6 to PATH]后，将自动配置环境变量Path，省去事后手动添加Path的不便。

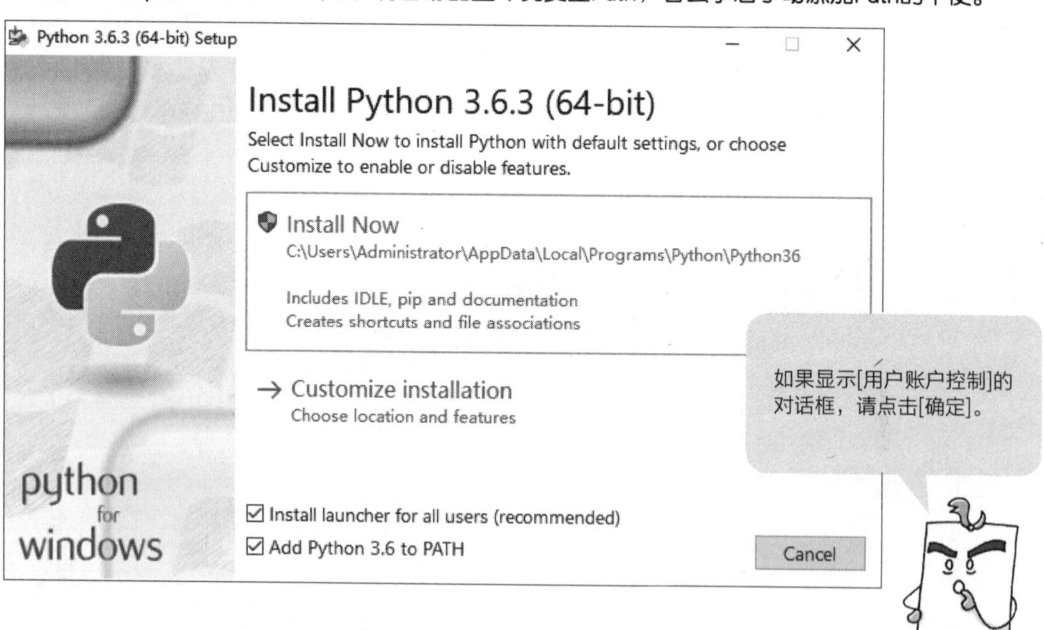
Python 3.6.3 (64-bit) Setup
Install Python 3.6.3 (64-bit)
Select Install Now to install Python with default settings, or choose Customize to enable or disable features.
Install Now
C:\Users\Administrator\AppData\Local\Programs\Python\Python36
Includes IDLE, pip and documentation
Creates shortcuts and file associations
→ Customize installation
Choose location and features
python for windows
Install launcher for all users (recommended)
Add Python 3.6 to PATH
Cancel
如果显示[用户账户控制]的对话框，请点击[确定]。

开始安装。

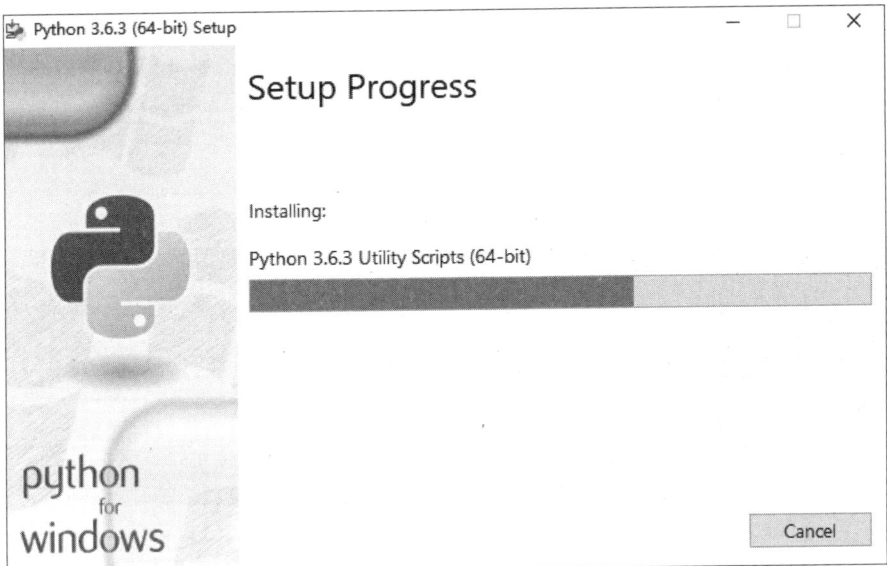
Python 3.6.3 (64-bit) Setup
Setup Progress
Installing:
Python 3.6.3 Utility Scripts (64-bit)
python
for
windows
Cancel

显示如下界面时，Python的安装则已结束。单击[close]， 结束安装过程。

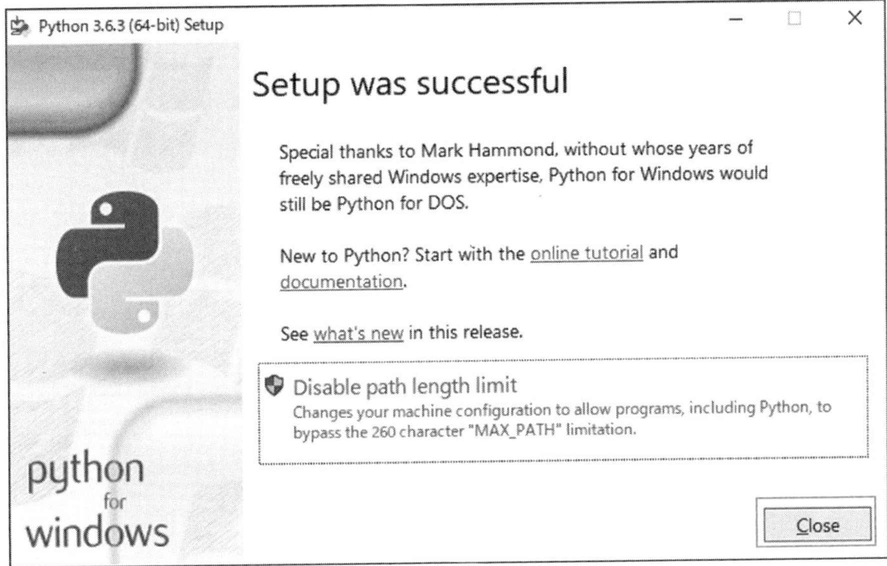
Python 3.6.3 (64-bit) Setup
Setup was successful
Special thanks to Mark Hammond, without whose years of freely shared Windows expertise, Python for Windows would still be Python for DOS.
New to Python? Start with the online tutorial and documentation.
See what's new in this release.
Disable path length limit
Changes your machine configuration to allow programs, including Python, to bypass the 260 character "MAX_PATH" limitation.
python
for
windows
Close

»安装的确认

最后，确认一下是否已正确安装。

启动PowerShell（参考p.10），输入文件所在位置“.\AppData\Local\Programs\Python\Python36\python.exe -V”，然后按下回车键（※“exe”与“-”之间有一个空格）。如果正确显示如下版本信息，则说明Python的安装已经成功。

Windows PowerShell

```
Windows PowerShell
版权所有 (C) Microsoft Corporation。保留所有权利。

PS C:\Users\Administrator> .\\AppData\Local\Programs\Python\Python36\python.exe -V
Python 3.6.3
PS C:\Users\Administrator>
```

扩展包的安装

介绍使用 pip 进行软件包的安装方法。

PyPI 和 pip

Python中，爱好者制作了大量的软件包，这些安装包通常在一个名为**PyPI**（Python Package Index）的网站上上传/开放。我们可以通过以下URL来浏览PyPI网站。

```
https://pypi.python.org/pypi
```

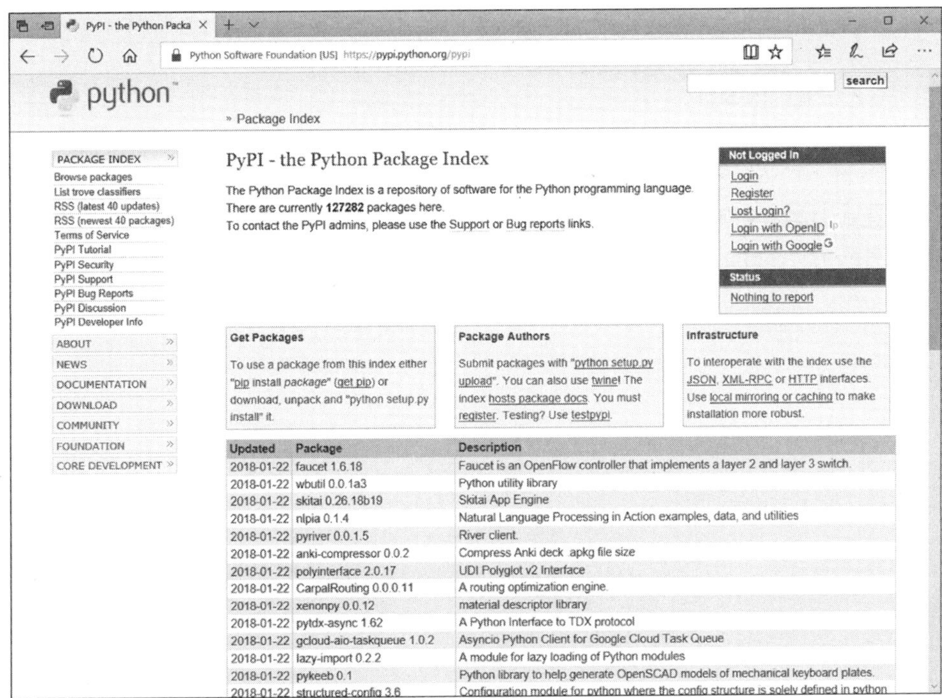

PyPI - the Python Packa
Python Software Foundation [US] https://pypi.python.org/pypi
python
search
» Package Index
PACKAGE INDEX
Browse packages
List trove classifiers
RSS (latest 40 updates)
RSS (newest 40 packages)
Terms of Service
PyPI Tutorial
PyPI Security
PyPI Support
PyPI Bug Reports
PyPI Discussion
PyPI Developer Info
ABOUT
NEWS
DOCUMENTATION
DOWNLOAD
COMMUNITY
FOUNDATION
CORE DEVELOPMENT
PyPI - the Python Package Index
The Python Package Index is a repository of software for the Python programming language.
There are currently 127282 packages here.
To contact the PyPI admins, please use the Support or Bug reports links.
Not Logged In
Login
Register
Lost Login?
Login with OpenID
Login with Google
Status
Nothing to report
Get Packages
To use a package from this index either "pip install package" (get pip) or download, unpack and "python setup.py install" it.
Package Authors
Submit packages with "python setup.py upload". You can also use twine! The index hosts package docs. You must register. Testing? Use testpypi.
Infrastructure
To interoperate with the index use the JSON, XML-RPC or HTTP interfaces. Use local mirroring or caching to make installation more robust.
Updated Package Description
2018-01-22 faucet 1.6.18 Faucet is an OpenFlow controller that implements a layer 2 and layer 3 switch.
2018-01-22 wbutil 0.0.1a3 Python utility library
2018-01-22 skitai 0.26.18b19 Skitai App Engine
2018-01-22 nlpia 0.1.4 Natural Language Processing in Action examples, data, and utilities
2018-01-22 pyriver 0.0.1.5 River client.
2018-01-22 anki-compressor 0.0.2 Compress Anki deck .apkg file size
2018-01-22 polyinterface 2.0.17 UDI Polyglot v2 Interface
2018-01-22 CarpalRouting 0.0.0.11 A routing optimization engine.
2018-01-22 xenonpy 0.0.12 material descriptor library
2018-01-22 pytdx-async 1.62 A Python Interface to TDX protocol
2018-01-22 gcloud-aio-taskqueue 1.0.2 Asyncio Python Client for Google Cloud Task Queue
2018-01-22 lazy-import 0.2.2 A module for lazy loading of Python modules
2018-01-22 pykeeb 0.1 Python library to help generate OpenSCAD models of mechanical keyboard plates.

pip（Pip Installs Packages）是一种可以用来管理软件包的工具。

仅仅使用pip命令，就可以轻松进行软件包的安装、卸载、升级，以及管理软件包之间的相互关系。pip原本被提供时仅作为一种外部工具，Python2.7.9之后和Python3.4之后均已作为默认安装中的一部分。

运行 pip 命令

举例来说，如果要安装p.192使用的"requests"，则进行以下命令。没有指定版本时，则默认安装最新版。

```
PS > pip install requests
```

要安装特定版本时，在软件包名称后添加“==”来指定版本。

```
PS > pip install requests==2.18.4
```

卸载时，使用如下命令。

```
PS > pip uninstall requests
```

升级软件包时，使用“install -U”来指定。

```
PS > pip install -U requests
```

也可以确认已安装的版本。

```
PS > pip list
```

pip还配有其他许多种命令，通过进一步添加设置，可以更详细地确定对软件包的操作。详细内容请参考PyPI中的pip页面。

XAMPP 的安装

介绍如何下载和在 Windows 环境下安装免费的面向开发者的工具 XAMPP。

什么是 XAMPP

XAMPP是一种整合了开发及运行web软件所必须的软件的安装包。原本，构筑开发环境需要分别独立安装多种软件，不仅费时，而且费心。为此，XMAPP将必需的软件一并安装，可以简单地整理好开发环境。

XMAPP的名称，来自于下列表中对应的运行环境及软件的首字母。

X……Windows，Linux，macOS，Solaris的跨平台运行环境

A……Apache

M……MySQL及MariaDB

P……PHP

P……Perl

这些软件全部为免费软件，XMAPP本身也可以免费使用。但是，由于安装包可以在本地保存历史版本等特性，有些软件有可能不是最新版本。

XAMPP 的安装

本书根据写作时间点（2018年1月）的URL地址及网页设计进行解说。

》下载安装程序

首先，从ApacheFriends的网站下载安装程序。

```
https://www.apachefriends.org/zh_cn/index.html
```

浏览上述网站，将显示以下画面。

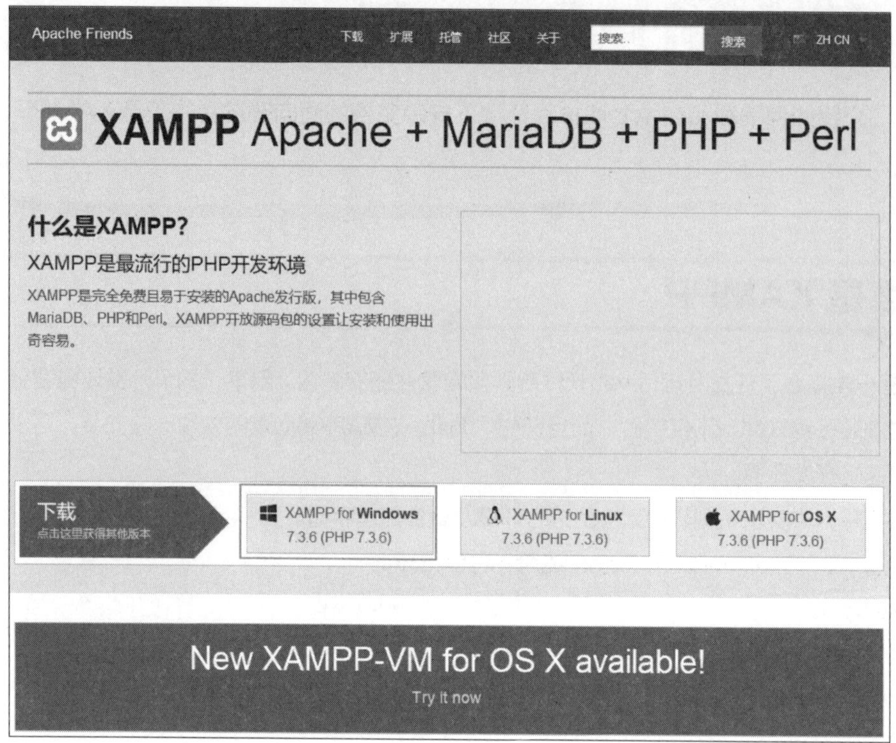
Apache Friends
下载
扩展
托管
社区
关于
搜索..
搜索
ZH CN
XAMPP Apache + MariaDB + PHP + Perl
什么是XAMPP?
XAMPP是最流行的PHP开发环境
XAMPP是完全免费且易于安装的Apache发行版，其中包含MariaDB、PHP和Perl。XAMPP开放源码包的设置让安装和使用出奇容易。
下载
点击这里获得其他版本
XAMPP for Windows
7.3.6 (PHP 7.3.6)
XAMPP for Linux
7.3.6 (PHP 7.3.6)
XAMPP for OS X
7.3.6 (PHP 7.3.6)
New XAMPP-VM for OS X available!
Try it now

本书中使用Windows来安装使用XAMPP。本次安装使用最新版本，单机画面下方的【下载】，选择【XAMPP for Windows】，将安装程序下载到任意指定路径。

想要安装较早版本时，点击【下载】下方的【点击这里获得其他版本】，在新的页面点击对应的下载按钮，可以安装有必需版本的安装程序。

≫安装

下载完成后，运行安装程序。

这时，如果安装有杀毒软件，则可能会询问是否继续安装，此时请点击【允许】。

此外，下一个对话框（[warning]），是和用户账户控制（UAC）有关的警告。在本书中的处理方法下，将不会安装在 C:\Program Files 和 C:\Program Files(x86) 目录下，请单击 [OK]。

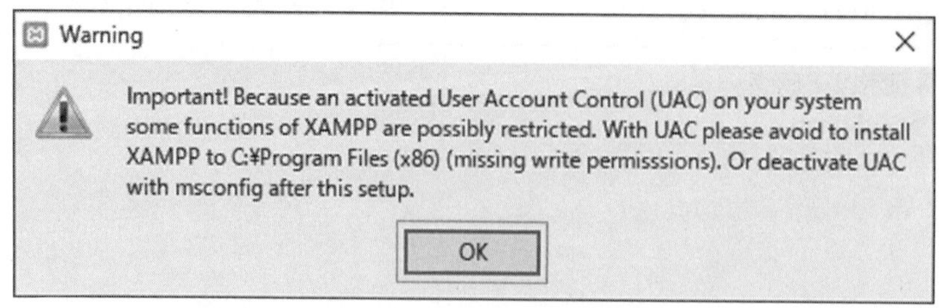
Warning
Important! Because an activated User Account Control (UAC) on your system some functions of XAMPP are possibly restricted. With UAC please avoid to install XAMPP to C:¥Program Files (x86) (missing write permisssions). Or deactivate UAC with msconfig after this setup.
OK

启动安装程序，单击[Next]。

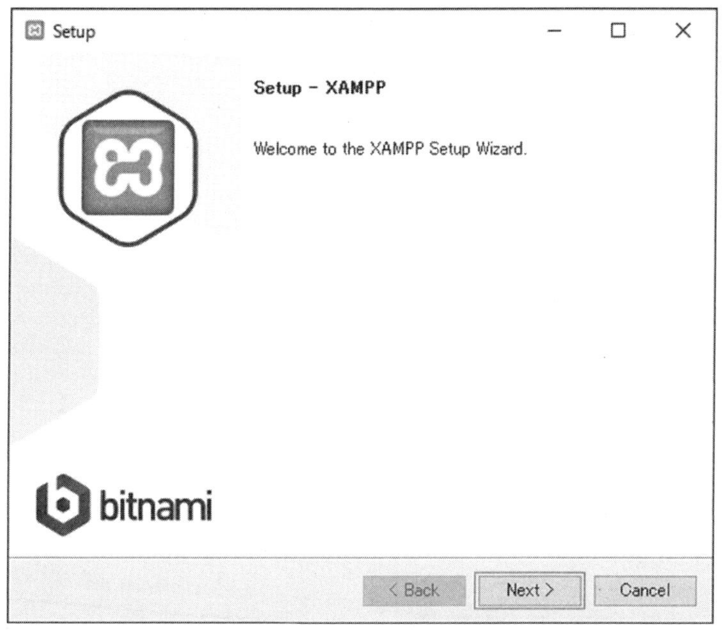
Setup
Setup - XAMPP
Welcome to the XAMPP Setup Wizard.
bitnami
< Back
Next >
Cancel

如果显示[用户账户控制]的对话框，请点击[确定]。

以下将出现安装配置选择界面，默认为全部安装。如果没有必要更改，则可以直接单击[Next]。

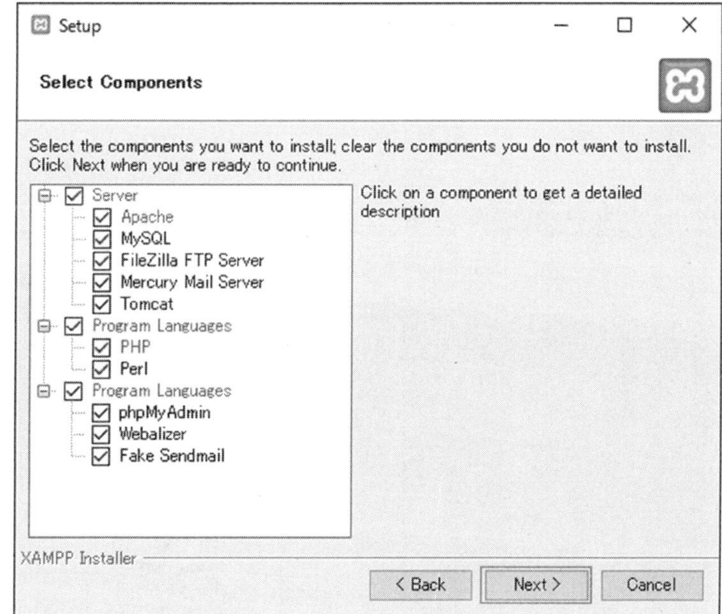
Setup
Select Components
Select the components you want to install; clear the components you do not want to install. Click Next when you are ready to continue.
Server
Apache
MySQL
FileZilla FTP Server
Mercury Mail Server
Tomcat
Program Languages
PHP
Perl
Program Languages
phpMyAdmin
Webalizer
Fake Sendmail
Click on a component to get a detailed description
XAMPP Installer
< Back
Next >
Cancel

确定安装位置。这次将安装在默认的C:\xampp文件夹下，因此直接单击[Next]。
虽然安装位置可以任意指定，但请不要安装在前文中提到的C:\Program Files和C:\Program Files(x86)目录下。

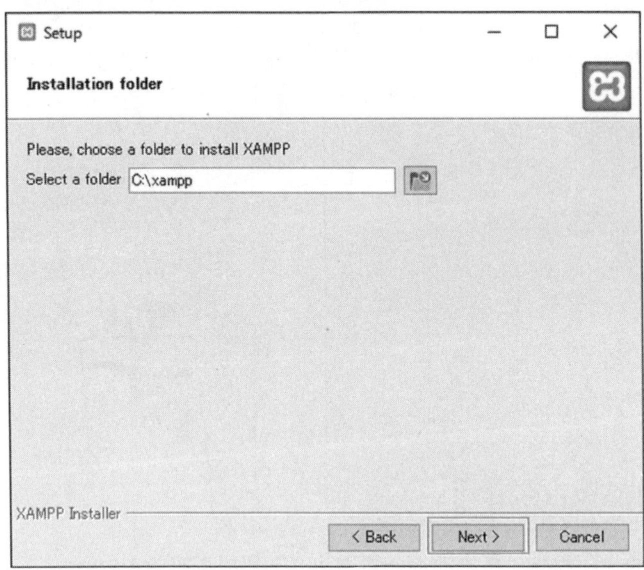
Setup
Installation folder
Please, choose a folder to install XAMPP
Select a folder C:\xampp
XAMPP Installer
< Back
Next >
Cancel

确认是否显示[Bitnami for XAMPP]介绍服务，去掉勾选，单击[Next]。

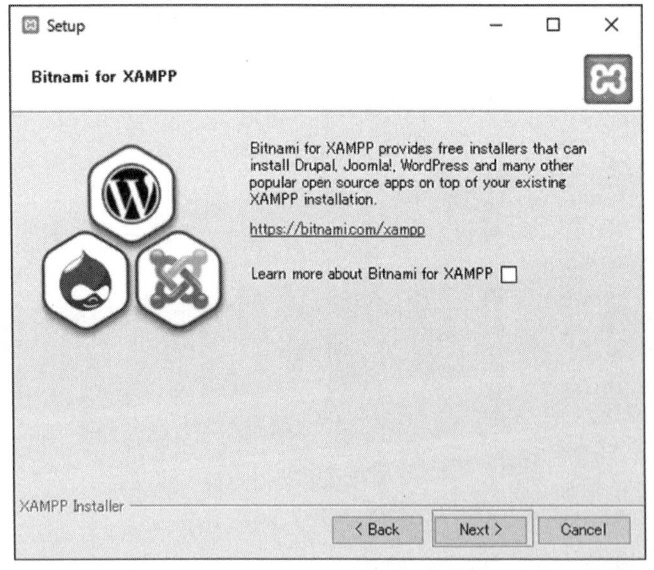
Setup
Bitnami for XAMPP
Bitnami for XAMPP provides free installers that can install Drupal, Joomla!, WordPress and many other popular open source apps on top of your existing XAMPP installation.
https://bitnami.com/xampp
Learn more about Bitnami for XAMPP
XAMPP Installer
< Back
Next >
Cancel

Bitnami是一种可以轻松构建开发网页应用程序所必需开发环境的软件。

已经做好安装准备，单击[Next]。

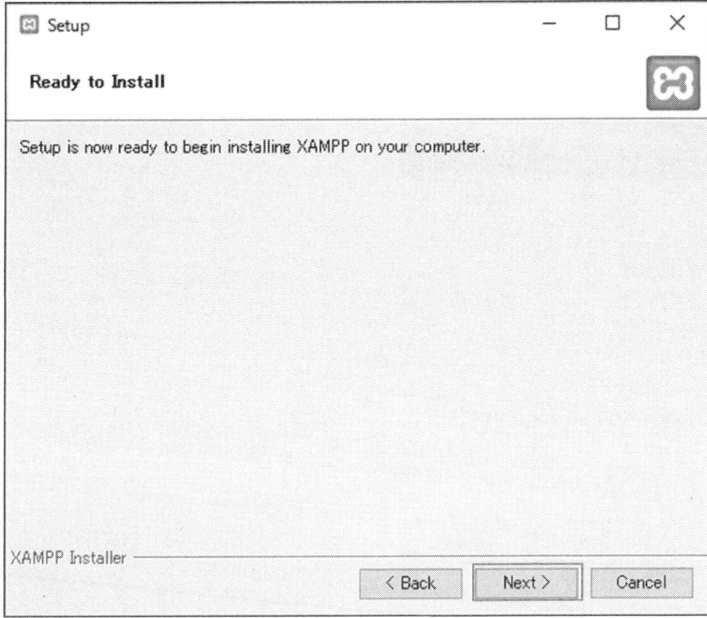

Setup
Ready to Install
Setup is now ready to begin installing XAMPP on your computer.
XAMPP Installer
< Back
Next >
Cancel

开始安装。

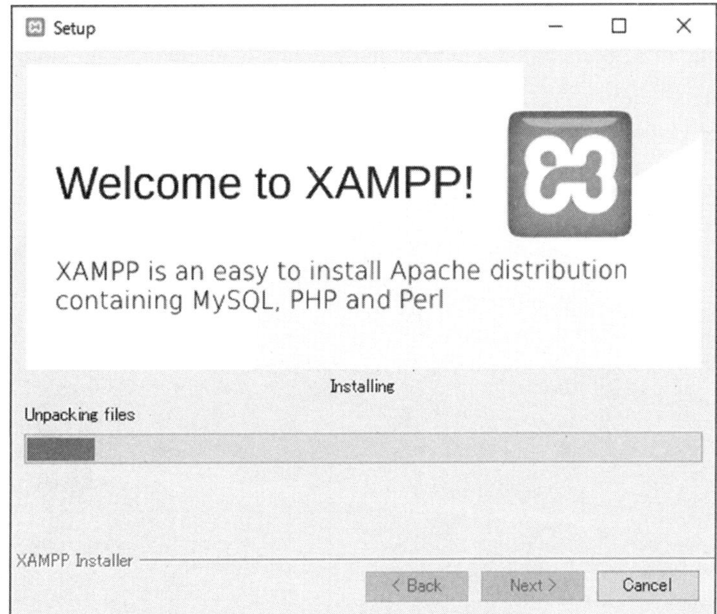

Setup
Welcome to XAMPP!
XAMPP is an easy to install Apache distribution containing MySQL, PHP and Perl
Installing
Unpacking files
XAMPP Installer
< Back
Next >
Cancel

1
编程基础

2
运算符

3
列表

4
流程控制语句

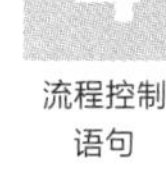
5
函数

6
字符串

7

文件和例外处理

8
类和对象

9
附录

安装过程中将会显示[windows安全警报]的对话框。请仅单独勾选[专用网络，例如家庭或工作网络]后，单击[允许访问]。

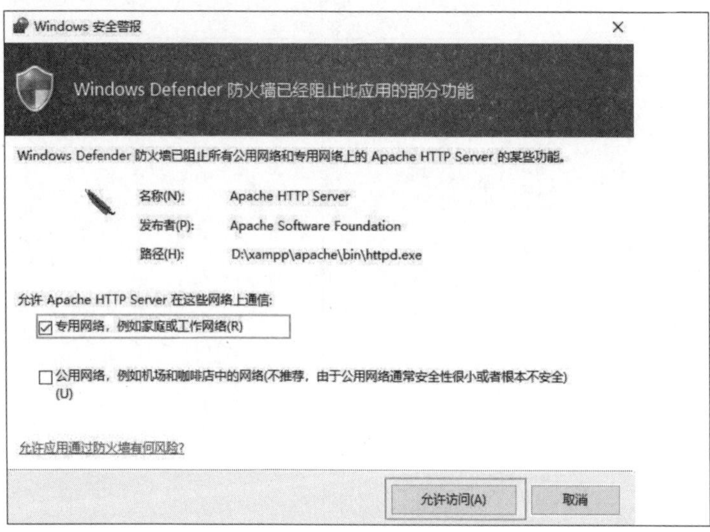
Windows 安全警报
Windows Defender 防火墙已经阻止此应用的部分功能
Windows Defender 防火墙已阻止所有公用网络和专用网络上的 Apache HTTP Server 的某些功能。
名称(N): Apache HTTP Server
发布者(P): Apache Software Foundation
路径(H): D:\xampp\apache\bin\httpd.exe
允许 Apache HTTP Server 在这些网络上通信:
专用网络，例如家庭或工作网络(R)
公用网络，例如机场和咖啡店中的网络(不推荐，由于公用网络通常安全性很小或者根本不安全)(U)
允许应用通过防火墙有何风险?
允许访问(A)
取消

安装完成。

由于接下来需要打开控制面板，所以勾选[Do you want to start the Control Panel now?]后，单击[Finish]按钮。

Setup
Completing the XAMPP Setup Wizard
Setup has finished installing XAMPP on your computer.
Do you want to start the Control Panel now?
bitnami
< Back
Finish
Cancel

选择显示语言（左：英语，右：德语）后，单击[Save]按钮。

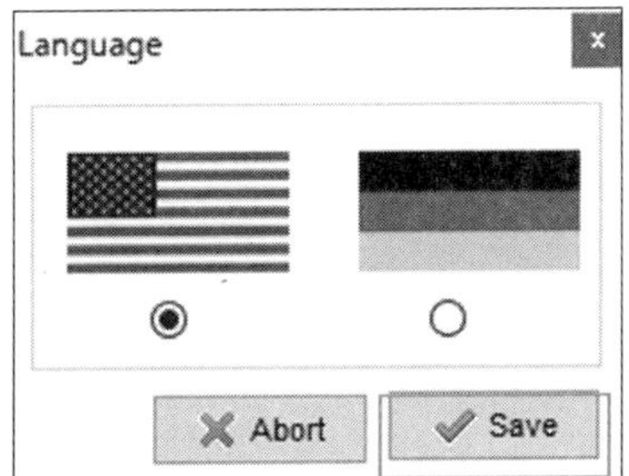
Language
×
Abort
Save

显示控制面板。

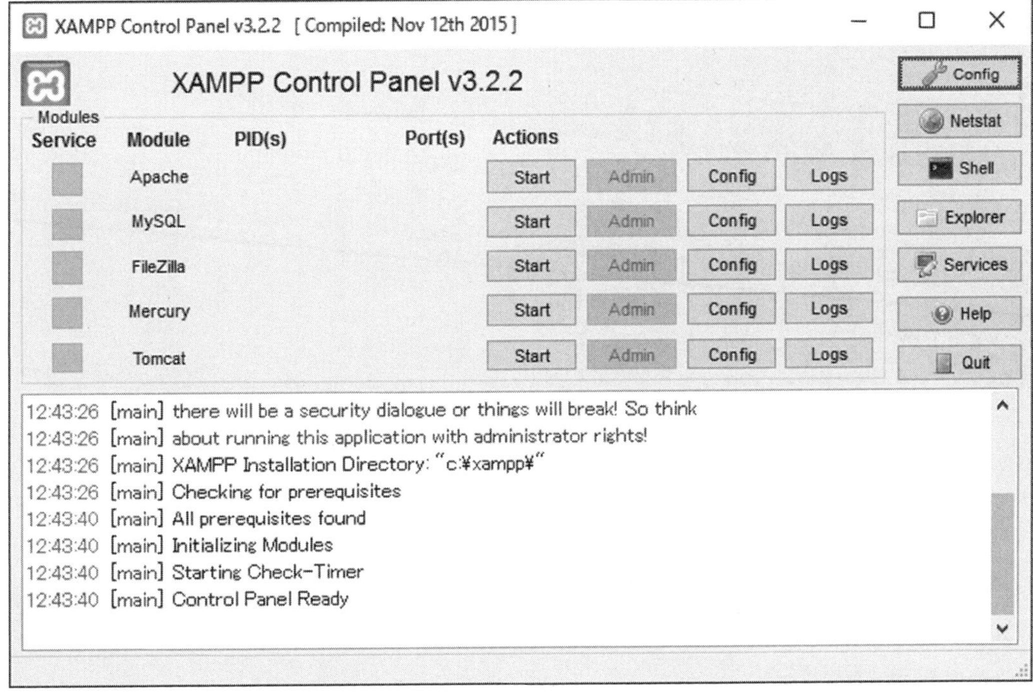
XAMPP Control Panel v3.2.2 [Compiled: Nov 12th 2015]
XAMPP Control Panel v3.2.2
Config
Netstat
Shell
Explorer
Services
Help
Quit
Modules
Service
Module
PID(s)
Port(s)
Actions
Apache
MySQL
FileZilla
Mercury
Tomcat
Start
Admin
Config
Logs
12:43:26 [main] there will be a security dialogue or things will break! So think
12:43:26 [main] about running this application with administrator rights!
12:43:26 [main] XAMPP Installation Directory: "c:¥xampp¥"
12:43:26 [main] Checking for prerequisites
12:43:40 [main] All prerequisites found
12:43:40 [main] Initializing Modules
12:43:40 [main] Starting Check-Timer
12:43:40 [main] Control Panel Ready

关闭XAMPP时，请单击[Quit]按钮。

从下次开始，可以通过单击[开始菜单]中的[XAMPP Control Panel]来启动控制面板。

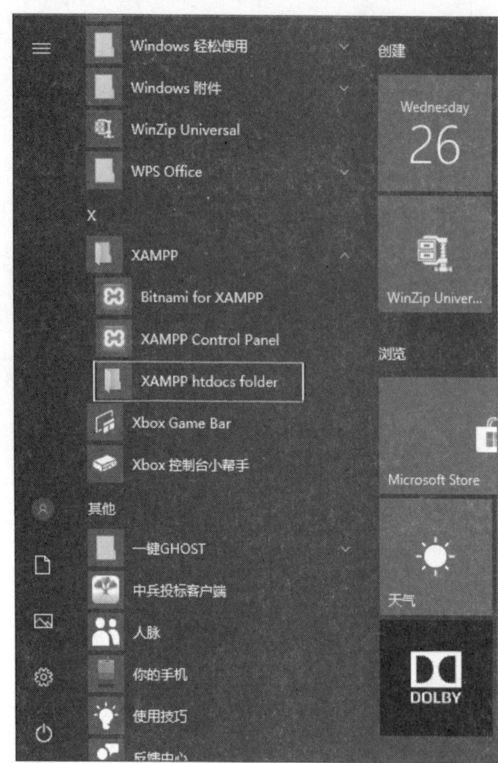
Windows 轻松使用
Windows 附件
WinZip Universal
WPS Office
X
XAMPP
Bitnami for XAMPP
XAMPP Control Panel
XAMPP htdocs folder
Xbox Game Bar
Xbox 控制台小帮手
其他
一键GHOST
中兵投标客户端
人脉
你的手机
使用技巧
创建
Wednesday
26
WinZip Univer...
浏览
Microsoft Store
天气
DOLBY

» XAMPP 的文件夹组成

（按照本书安装方式安装时）C:\xampp 目录下的主要文件夹及作用如下所示。

c:\xampp	
apache	保存Apache(web服务器软件)的文件夹。
cgi-bin	配置有CGI脚本的文件夹。
htdocs	Apache公开的文件夹，配置有已建立的HTML文件和PHP脚本。
mysql	数据库管理程序用的文件夹。根据XAMPP版本不同，保存MySQL或MariaDB。
perl	保存Perl（编程语言）的文件夹。
php	保存PHP（编程语言）的文件夹。

HTML文件等对外公开的目录配置在[htdocs]文件夹中，通过点击[开始菜单]中的[XAMPP htdocs folder]也可以打开该文件夹。

索引